中等职业教育"十三五"规划教材

哲学与人生

主编 刘丽伟 任小琳

上海交通大学出版社
SHANGHAI JIAO TONG UNIVERSITY PRESS

内容提要

　　《哲学与人生》是中等职业学校德育的重要组成部分,是中等职业学校学生的一门必修课。根据中等职业教育的现状和中等职业学校学生的特点,我们以十八大精神和科学发展观为指导,依据教育部最新颁布的中等职业学校《哲学与人生教学大纲》编写了本书,供中等职业学校教学使用。

图书在版编目(CIP)数据

哲学与人生/刘丽伟,任小琳主编. —上海:上
海交通大学出版社,2015
ISBN 978 - 7 - 313 - 13072 - 3

Ⅰ. ①哲… Ⅱ. ①刘… ②任… Ⅲ. ①人生哲学—青
年读物 Ⅳ. ①B821 - 49

中国版本图书馆 CIP 数据核字(2015)第 117369 号

哲学与人生

主　　编:刘丽伟　任小琳
出版发行:上海交通大学出版社　　　　　地　　址:上海市番禺路 951 号
邮政编码:200030　　　　　　　　　　　电　　话:021 - 64071208
出 版 人:韩建民
印　　制:上海景条印刷有限公司　　　　经　　销:全国新华书店
开　　本:787 mm×960 mm　1/16　　　　印　　张:12
字　　数:150 千字
版　　次:2015 年 6 月第 1 版　　　　　　印　　次:2015 年 6 月第 1 次印刷
书　　号:ISBN 978 - 7 - 313 - 13072 - 3/B
定　　价:36.00 元

前　言

　　《哲学与人生》是中等职业学校德育的重要组成部分，是中等职业学校学生的一门必修课。根据中等职业教育的现状和中等职业学校学生的特点，我们以十八大精神和科学发展观为指导，依据教育部最新颁布的中等职业学校《哲学与人生教学大纲》编写了本书，供中等职业学校教学使用。

　　"哲"一字在中国起源很早，历史久远，如"孔门十哲"，"古圣先哲"等词。"哲"或"哲人"，专指那些善于思辨，学问精深者，即西方近似"哲学家"，"思想家"之谓。哲学是一门古老的学问，它与我们的日常生活密切相关，并影响着我们的人生。马克思主义哲学不但科学地揭示了自然界的变化发展规律，而且发现了人类社会历史发展的基本规律，揭示了人生的真谛和如何实现人生的价值。

　　《哲学与人生》一书把马克思主义哲学与人生结合起来，坚持贴近实际、贴近生活、贴近学生的原则，突出哲学对人生的指导作用。希望本书能帮助学生初步形成观察社会、分析问题、选择人生道路的科学的世界观、人生观和价值观。本书指导学生运用辩证唯物主义和历史唯物主义

　　的观点和方法正确看待社会的发展,正确认识和处理人生发展中的基本问题,使学生真正会做人、做事。

　　本书编写人员长期从事一线教学工作,有较为丰富的教学和教材编写经验。本书主编由保定一中刘丽伟、保定市第四职业中学任小琳担任。副主编由冀州市职业技术教育中心张春洁担任,参编人员有保定一中李姣尧、李文斌、成亚勤,冀州市职业技术教育中心孙会满。限于编者的能力水平有限,书中难免存在纰漏和不足,敬请各位专家和读者提出宝贵意见,以便我们不断改进。

编　者

2014 年 7 月

目　录

第一章

坚持从客观实际出发，
脚踏实地走好人生路

在人生道路上，我们要面对两大难题：一个是认识世界；一个是认识自己。从古至今，对这两个问题的解答构成了哲学思考的历史。马克思主义哲学不但解释了我们如何认识世界，还告诉我们应该如何认识自己。只有一切从实际出发，脚踏实地，在认识世界的过程中将自己的实践活动与客观世界的规律相结合，才能充分发挥自己的主观能动性，选择最适合自己的人生道路。

第一节　客观实际与人生选择

有一位年轻人从小就想当作家，一直坚持每天写作，并不断地向各地的报社、杂志社投递自己的作品，就这样坚持了十年。但终因缺乏生活经验和文学基础知识，没有发表过一篇文章。由于他坚持不断地写作，字却越写越好。在杂志社编辑的建议下，这位想当作家的年轻人，放弃了当作家的想法，专心练起了钢笔字。由于有一定的基础，年轻人的字长进很快，最终他成为有名的硬笔书法家。

人生处处有选择。人生每走一步都是选择的结果。不同的选择，会产生不同的结果。成功的人生,在于做出了正确的选择;而失败的人生,大都因为做出了错误的选择。要做出正确的选择,把握住自己的人生命运,就必须从客观实际出发,选择适合自己的人生道路。

一、客观实际是人生选择的前提和基础

(一)想问题办事情必须从客观实际出发

案例链接

筑　梦

1987年7月,21岁的王传福从中南工业大学冶金物理化学系毕业进入北京有色金属研究院。仅过了5年的时间,他就被破格委以研究院301室副主任的重任,成为当时全国最年轻的处长。1993年,研究院在深圳成立比格电池有限公司,由于和王传福的研究领域密切相关,王传福顺理成章成为公司总经理。

在有了一定的企业经营和电池生产的实际经验后,王传福发现,作为自己研究领域之一的电池行业里,技术不是什么问题,只要能够上规模,就能干出大事业。于是,他做了一个大胆的决定——脱离比格电池有限公司单干。

1995年2月,王传福从做投资管理的表哥吕向阳那里借了250万元,注册成立了比亚迪科技有限公司,领着20多个人在深圳莲塘的旧车间里扬帆起航。

在当时,日本充电电池一统天下,国内的厂家多是买电芯搞组装,利润少,几乎没有竞争力。如何打开局面?经过认真思考,王传福决定依靠自身技术研究优势,从一开始就把目光投向技术含量最高、利润最丰厚的充电电池核心部件——电芯的生产。

那时,日本的一条镍镉电池生产线需要几千万元投资,再加上日本禁止出口,王传福买不起也根本买不到这样的生产线。王传福根据企业的实际特点,利用中国人力资源成本低的优势,决定自己动手制造一些关键设备,然后把生产线分解成一个个可以人工完成的工序。最终只花了100多万元人民币,就建成了一条日产4 000个镍镉电池的生产线。

比亚迪利用总体成本比日本对手低40％的优势,很快打开了低端市场。为进驻高端市场,争取到大的行业用户和大额订单,他们不断优化生产工艺、引进人才,并购进大批先进设备,集中精力搞研发,使电池品质稳步提升。王传福还经常出国参加国际电池展示会,直接与摩托罗拉等大客户接触,获得了客户的认可后,公司的订单源源不断。

在镍镉电池领域站稳脚跟后,不甘寂寞的他逐步开发生产新品种,并把目光放到了欧美和日本市场。1998年至2000年,比亚迪先后成立欧洲分公司、美国分公司,在公司大客户名单上出现了松下、索尼、GE、AT&T和业界老大TTI等。

❓ 议一议

请举例说明,做一件事情要想达到预期目的,首先要具备什么条件?

马克思主义哲学认为,世界的本质是物质,物质决定意识,意识对物质具有能动的反作用,发挥主观能动性必须尊重客观规律。因此,我们在实践中必须坚持一切从实际出发,也就是根据客观存在的实际情况,决定我们的主观思想和行动。

> 如果他要进行选择,他也总是必须在他的生活范围里面,在绝不由他的独自性所造成的一定的事物中间去进行选择的。例如,作为一个爱尔兰的农民,他只能选择:或者吃马铃薯或者饿死,而在这种选择中,他并不永远是自由的。
>
> ——马克思、恩格斯

　　人们在任何时候、任何条件下,从事任何工作,都要把客观实际作为想问题、办事情的出发点、立足点和依据。从客观实际出发,而不是从主观想象和主观愿望出发,这是辩证唯物主义的基本观点,也是做好任何事情,包括做出正确人生选择的前提和保证。辩证唯物主义要求,不能把人的主观愿望作为出发点,也不能以人的主观想象代替客观事实。

　　客观实际,就是指存在于我们意识之外的客观事物及其实际状况,即事物自身的属性和特点,以及事物之间的种种联系。这些都是不以人的主观意志为转移的。例如,用来生产农作物的土地本身的特点和属性,就是客观实际。一个地方的土壤,是适合种水稻,还是适合种玉米,或是适合种果树,是由土壤自身所具有的特点决定的,不是由人的主观意志所决定的。我们打算在这块土壤上种什么,要从这块土壤的实际情况出发,以这块土壤的特点为依据来做决定。不顾土壤的客观实际,想种什么就种什么,就是从主观意愿出发的做法,结果只能是事与愿违。无论是想问题,还是做事情,只有把客观实际作为依据,才能达到预期的目的。

　　一切从实际出发就是从客观存在着的事物出发,按照事物的本来面目去认识事物,找出事物本质和现象之间的固有联系,探索事物的发展规律,从而指导我们的人生行动。一切从实际出发,就是要求我们想问题、办事情要把客观存在的实际情况作为根本出发点。要求我们有强烈的时空观和发展观,把此时、此地、此条件作为我们选择的出发点,并用发展的眼光对待事物和预测未来。一切从实际出发,就要反对主观幻想或臆断,就要反对违背客观实际和客观规律的盲目蛮干。

（二）人生选择及其作用

案例链接

陈阿玲是某农业大学商贸英语专业的高才生。她在大学读书时除了学会自己的专业外,还对畜牧业产生了很强的兴趣。每每写家信总喜欢问"家里喂的猪咋样了?",家里的猪一有什么事,她马上去请教教授或翻教科书,非找出答案不可。大学毕业时,有两家合资企业要聘任品学兼优的陈阿玲,但她却主动放弃如此好的就业机会,回到了老家,带着创业者的自信,站到了人生的新起点上。她经过充分的调查,克服重重困难,在得到政府的土地和贷款支持后,办起了现代化的大型养猪场。年出栏数量达 1.2 万头,纯利润上百万元,成为当地有名的养猪状元。为了回报社会,她拿出 2 万元无偿扶持村民们养猪,并提供技术服务。到了春节,她还拿出 1 万元,专门用来看望和接济村里的五保户老人,得到全体村民的赞誉。

人的一生就是不断选择的过程,正确的选择是成就美好人生的开端。不同的选择对人生所起的作用不同。学生时代是人生的立志阶段,是决定一个人一生成就高低的关键时期。可以说,一个人,在其学生时代有什么样的抱负,其一生就有与此相应的成就和作为。那么,是什么左右着人生选择的方向?马克思主义哲学认为,一切从实际出发,实事求是,是认识一切事物、指导人们一切实践活动的出发点和立足点。人生选择也不例外,也要从客观存在的实际出发。

《伊索寓言》中有这样一个故事：有一天，森林里百兽聚会，大家争相表演，一只猴子登台跳舞，深受欢迎，个个为之喝彩，赢得大家的称赞。骆驼却十分嫉妒，它也想获得大家的喝彩。于是，它站了起来，自我得意地显示自己的舞技，结果，它那怪模怪样的舞姿，洋相百出，不但没有获得掌声，反而使动物们大为扫兴，它们用棍棒打它，把它赶出了会场。可见，充分认识自己，选择能够发挥自己特长的事情，才能使自己接近成功。

正确选择适合自己发展的人生道路。条条大路通罗马，但最适合于自己的路只有一条。在人生前进的道路上，如果只是一个劲地埋头赶路，不去抬头看一看前方的路是否适合自己，也许就永远到达不了成功的终点。

正确认识自己，给自己一个准确的定位。俗话说："人贵有自知之明。"意思是说，既不高估自己也不看低自己，而是恰当且准确地认识、接受和评价自己，找准自己的位置，给自己一个准确的定位。

纪伯伦作品里有这样一个故事：有一只狐狸，得意地欣赏着自己在晨曦中高大的身影，说："今天，我要用一只骆驼来做午餐呢！"于是，整个上午，狐狸都在奔波着寻找骆驼。当正午的太阳照在头顶的时候，狐狸不经意间瞥见了自己矮小的身影，就眯着两眼说："唉，一只老鼠也就够了。"

这只狐狸因为不能正确地认识自己，因此，早上过于狂妄自大，中午又不曾做什么。作为学生，要明确自己所学专业，清楚在学校学到了什么，将来能干什么，自己的职业方向如何。同时，还要对自己的劣势进行分析，知道自己的性格弱点。独立性太强，有时会很难与他人默契合作；而优柔寡断，又会很难担当企业管理者的重任。

（三）根据客观实际选择人生道路

案例链接

　　1947 年,刚刚 36 岁的中国科学家钱学森,被美国麻省理工学院聘为终身教授。然而,当钱学森得知中华人民共和国成立的消息后,他毅然选择回到中国,为自己选择了一条新的人生道路。虽然为此他放弃了在美国的优厚的待遇,放弃了对个人发展更为有利的条件,但在他看来,自己是中国人,根在中国,自己可以放弃在美国的一切,但不能放弃祖国。在祖国最需要人才之际,自己应该早日回到祖国去,为建设新中国贡献自己的全部力量! 经过不懈努力争取,1955 年 8 月,钱学森终于回到了中国。

议一议

钱学森根据客观实际的变化做出新的人生选择对你有什么启发?

　　要做出正确的人生选择,走好人生路,就要从自身的客观实际出发。人生的客观实际,首先是指人生具体的客观的社会历史条件。这是做出正确的人生选择,走好人生路的前提。每个人都只能在一定的社会历史条件下生活,都要受到客观的社会历史条件制约。一个人要在事业上有所成就,必须适应社会历史条件。这就需要我们了解自己所处的社会实际,自觉地服从社会和人民的需要,使我们的选择符合社会历史发展的趋势。

　　马克思在中学毕业论文《青年在选择职业时的考虑》中说:"我们并不总是能够选择我们自认为合适的职业;我们在社会上的关系,还在我们有能力对它们起决定性影响以前,就已经在某种程度上开始确定了。"

　　人生的客观实际,还包括个人的主客观条件。这是我们做出人生选择和采取人生行动的依据。人生选择的实现要受到自己主客观条件的制约。要走好人生路，不仅要了解自己的体质、学业基础、家庭等客观情况的特点，而且还要考虑到自己的兴趣、性格和能力等特点。这样才能更好地找到自己前进的方向和目标，更好地发挥自己的长处。不了解自己的实际情况，就不能做出正确的判断和选择，就有可能走弯路。

慧雯是某职业学校旅游专业的学生。在全国中等职业学校"文明风采"竞赛中，参加了职业生涯规划的比赛。慧雯从小爱看动画片，喜欢童话，尤其爱看国外的文学作品。在职业理想的设计中，她计划以后当英语教师，给学生介绍国外的文学作品。老师肯定了她从自己爱好设计自己的职业理想，有针对性，但向她提出一些问题，供她参考：第一，我们是中专学历，而中学的英语教师需要大学本科或研究生的学历；第二，英语教师需要较高专业素养，需要长时间的积累，不是单凭爱好决定的；第三，英语教师要有较高的听说能力，不是泛泛阅读。慧雯听取老师的意见，对自己职业理想重新做了设计，毕业后到旅游公司，考取导游证，在导游岗位上发挥了英语好的特长。由于慧雯的生涯规划立足于专业，符合实际，得到了老师肯定，比赛取得了好成绩。

？ 议一议

结合自己实际，如何选择未来的工作岗位？

人生的客观实际还指人生的不同阶段所具有的不同特点、情况和问题。在人生过程中，每个人都会经历一个由童年到少年，到青年、中年，再到老年的发展过程。这是由人生发展的客观规律决定的。人生发展的不同阶段，有其不同的特点，所面临的问题也会不同。因此，不同人生阶段的选择，就要符合不同人生阶段的特点。

青年时期是人生的关键阶段。在这个阶段,人的生理发育成熟,不断增强的体质和精力推动着青年的发展,完成着从青少年到成人的转变。这个阶段的主要特点是人开始自立。青年自立的特点之一是开始自主地学习。人的一生都离不开学习,但人生各个阶段的学习意义是不同的。青年时期是人一生中学习最集中、最重要的时期。青年自立的第二个特点是开始独立地承担社会责任。准备或直接代替老一辈履行自己的社会职责,要通过确定自己的职业去实现事业的理想。这些都是青年人必须面对的客观实际,要走好人生路,就必须面对这些具体的客观实际,做出正确选择。

> 吾十有五而志于学,三十而立,四十而不惑,五十而知天命,六十而耳顺,七十而从心所欲,不逾矩。
>
> ——孔 子

要做出正确的人生选择,还要正确认识自己的过去和现在,才能把握好自己的未来。人生是在一定的时间和空间内的生命运动过程。人生现在的实际与过去和将来紧密联系、不可分割。过去活动的结果形成现在的实际,没有过去,就没有现在,不同的过去会对现在产生不同的影响;而现在的实际又孕育着将来,将来产生于现在。现在只有与过去和将来相联系才有意义,脱离过去和将来的现在,就会失去存在的根基。所以,要认识和把握自己的客观实际,就必须了解和把握自己的过去。既不能无视过去,否认现实,也不能只看过去,不看将来。只有正确认识自己的过去,才能正确把握住人生的起点和依据,才能认清自己在人生道路上的位置。

二、物质世界的多样统一性为人生选择提供了多种可能性

(一)物质世界的统一性与多样性

物质世界的统一性与多样性为人生道路的选择提供了多种可能性。

马克思主义哲学认为,物质世界的统一性是多样性的统一,这种多样性不仅表现为物质世界的多样性,还包括人自身的多样性。

莱布尼茨是17世纪著名的哲学家,他曾经当过宫廷顾问。有一次,国王让他解释一下哲学问题。莱布尼茨对国王说:"任何事物都有共性。"国王不信,叫女仆们去花园找来一堆树叶,莱布尼茨果然从这些树叶里面找到了它们的共同点,国王很佩服。这时,莱布尼茨又说:"天地间没有两个彼此完全相同的东西。"女仆们听了这番话后,再次纷纷走入花园去寻找两片完全相同的树叶,想以此推翻这位哲学家的论断,结果大失所望。粗略看来,树上的叶子好像都一样,但仔细一比较,却是形态各异,各有其特殊性。

世界上没有两片完全相同的树叶,更何况对于更为复杂的人来说,不同之处就更多了。我们的体力不同,我们的智力不同,可以说,我们的身心没有一处是完全一样的。正是这些不同之处形成了人自身的多样性。这种多样性决定了人生的选择不是单一的,每个人都应该根据事物的客观规律和自己的特点选择适合自己的人生道路。

(二)要作出正确的人生选择,就要考虑人生发展的多种可能性

只有选择符合客观事物发展趋势的可能性,才能具备转化为现实的条件,才有可能转化为现实。如果只凭主观愿望不顾客观实际,所作的选择就不可能转化为现实。

一切都是选择,选择决定人生。诺贝尔说:"有什么样的选择,就有什么样的人生。"的确,选择浪漫,你就有个浪漫多姿的人生;选择追求物质享受,你便有个"物化"的人生;选择求知求学,你便有个拼搏进取的人生……道理谁都懂,但是当你站在纵横交错的人生岔路口,面对形形色色的诱惑时,想要作出明智的选择,着实不易。而在

人生重大问题上，往往不允许你有第二次选择的机会，世事艰险，一着不慎，满盘皆输。俗话说"男怕入错行，女怕嫁错郎"，说的就是这个道理。

几个学生向苏格拉底请教人生的真谛。苏格拉底把他们带到果林边，这时正是果实成熟的季节，树枝上沉甸甸地挂满了果子。"你们各顺着一行果树，从林子这头走到那头，每人摘一枚自己认为是最大最好的果子。不许走回头路，不许作第二次选择。"苏格拉底吩咐说。学生们出发了。在穿过果林的整个过程中，他们都十分认真地选择着。等他们到达果林的另一端时，老师已在那里等候他们。"你们是否都选择到自己满意的果子了？"苏格拉底问。学生们你看着我，我看着你，都不肯回答。"怎么啦？孩子们，你们对自己的选择满意吗？"苏格拉底再次问。"老师，让我再选择一次吧！"一个学生请求说，"我走进果林时，就发现了一个很大很好的果子，但是，我还想找一个更大更好的，当我走到林子的尽头时，才发现第一次看见的那枚果子就是最大最好的果子。"另一个学生紧接着说："我和师兄恰巧相反，我走进果林不久就摘下了一枚我认为是最大最好的果子，可是后来才发现，果林里还有好多比我摘下的这枚更大更好的果子。老师，请让我也再选择一次吧！""老师，让我们都再选择一次吧！"其他学生一起请求。苏格拉底坚定地摇了摇头："孩子们，没有第二次选择，人生就是如此。"

❓ 议一议

人生的道路上，面临的选择非常多，常常让人无所适从。我们如何才能选择"最大最好的果子"呢？

第二节　物质运动与人生行动

一、动中有静与静中有动

任何物质的具体形态都离不开一定的运动,世界是永恒运动着的物质世界。但是,运动和静止又是相互渗透的。正所谓:动中有静,静中有动。

（一）运动是物质的根本属性和存在方式

哲学上所讲的运动,是指宇宙间一切事物的变化和过程。从宏观世界到微观世界,从无机界到有机界,从自然界到人类社会和人的思维,都处于永不停止的运动变化之中。"流水不腐;户枢不蠹",万事万物只有在运动中才能保持自己的存在。

人们生活在世界上,无不感到一切事物都处于永不停息的运动变化之中。刮风下雨,江河奔流,地震海啸,斗转星移,海陆变化,一切客观物体的位置都在移动,不运动的事物是没有的。其次,运动是物质的运动,物质是运动的主体。任何运动都必须有自己的承担者或者载体,否则,这种运动根本不会存在。

关于物质与运动的关系的两种错误观点:第一,把运动仅仅看成是精神的运动,否认物质是运动的主体。我国唐代著名的和尚慧能认为,一切运动都不过是人的主观意识的变化。《坛经》记载:"时有风吹幡动。一僧曰风动,一僧曰幡动。议论不已。慧能进曰:'不是风动,不是幡动,仁者心动。'"这是一种典型的离开客观物质谈运动的观点。第二,只承认物质而否认运动的观点。"刻舟求剑"故事中那个楚国人的想法就是如此。他虽然承认船、水、剑的客观存在,却否认了运动,因而他的求剑之举只能落空。

（二）静止是运动的特殊状态

从整个物质世界来看,一切事物都处于运动之中,没有不运动的物质,这说明运动是普遍的、永恒的、无条件的,因而是绝对的。物质运动的绝对性是辩证唯物主义的基本观点。但是,就物质的具体存在形式来说,它又有静止的状态,有某种稳定的形式。

> 世界上就是这样一个辩证法,又动又不动。尽是不动没有,尽是动也没有。动是绝对的,静是暂时的,有条件的。
>
> ——毛泽东

"我不是我了"——物质和运动

在古希腊流传着这样一个故事。一个人一次外出忘了带钱,便向他的邻居借。过了很久,这个人总不还钱,邻居便向他讨债。这个人没钱可还,便说:"一切皆变,一切皆流。现在的我,已经不是当初借钱的我了。"赖账不还。邻居发了脾气,一怒之下打了他一记耳光。赖账人要去见官告状,这位邻居也说:"一切皆变,一切皆流。现在的我,已不是打你的我了。"赖账人无言以对。故事里的希腊人借口事物是变化发展的,否认了相对静止,否认了事物质的稳定性,从而把一切事物都看成是瞬息万变、不可捉摸的,这是典型的不可知论,陷入了唯心主义的泥坑。

哲学上讲的静止是两种情形:一是指事物之间的空间位置保持不变;二是指事物某一方面的性质在一定时间内基本不变。

教室对于地面来说,始终在这个地方,黑板对墙壁来说,也始终在那个地方,没有移动,这是静止。我们坐在飞速行驶的火车上,就我们的身体和坐的位置来看,在一定的时间内保持不变,这也是静止。一个刚入园的小朋友亮亮,从小班到中班、大班,离开幼儿园到小学、初中、高中、大学,踏入社会直至今后人生的数十年,他始终是亮亮,不可能变成其他人,这也是一种静止。

运动的绝对性和静止的相对性是物质运动的两个属性,决不能只重视绝对运动而忽视相对静止。辩证唯物主义在坚持运动绝对性的前提下,肯定相对静止的存在,并充分强调静止的作用。总之,运动是无条件的、绝对的;静止是有条件的、相对的。动中有静,静中有动,世界上一切事物的存在和发展,都是绝对运动和相对静止的统一。

二、通过积极行动实现人生成功

(一)人生行动及其特点

人作为物质存在的一种具体形式,也是运动、变化、发展的。人的运动、变化和发展存在于人生行动中、也实现于人生行动中。人生行动是人们运用自己的体力和智力去改造环境,创造物质财富和精神财富的社会性的客观物质过程。人生行动包括多方面的内容,学习、工作、家庭、交友等,不过,无论什么样的人生行动,都具有以下一些基本的特征。

1. 客观性

人生行动是现实的物质过程,这不仅是因为构成人生行动的基本要素是客观的,而且它还受到各种客观条件的制约。人生行动的基本要素包括行动的主体、行动的对象和行动的手段,这些都是客观的、现实的存在。人生行动本身就是客观存在的人运用客观存在的工具去改变客观存在对象的原有存在状态,使其适合自身需要的过程。另外,人生行动不是随心所欲的,受到客观存在的自然条件、社会条件、人的体力和智力条件的制约。

2. 自觉性

人生行动受到意识的支配,是自觉的行动。就是说,人们的行动都是有目的、有计划的。人们不仅知道自己在做什么,而且也知道怎样做,为什么而做,做的结果是什么,这种结果对自己的发展和周围环境会产生什么影响,自己对这种结果要负什么责任,它有哪些经验可以总结,又有哪些教训应当汲取等。这说明,人生行动是可控的。不可控制的行动不是自觉的行动,它不仅不利于自己的发展,而且对社会、对他人也会产生消极的影响。

3. 社会历史性

人生行动要受到社会历史条件的制约。首先,人们以自己的行动创造了社会,也以自己的行动体现出了社会性的本质。任何人都具有社会性,任何人都生活在一定的社会环境中,离开了社会,人就不能把自己同一般动物区分开来;离开了一定的社会关系,纯粹孤立的个人行动既不存在,也没有任何意义。其次,人生行动是历史的、发展的,在人生的历程中,理想是贯彻始终的,它是旗帜,是方向,也是极大的激励力量,但是,实现理想的行动却可以在不同历史阶段具有不同的内容和特点。

案例链接

被老百姓称为"身边的共产党员"的刘应启,1911 年出生于河南省商城县,1930 年参加中国工农红军,1933 年加入中国共产党。长征路上,他两次强渡大渡河,三过雪山草地,是长征的参与者和见证者。老人前半生戎马倥偬,经历大小战斗一百五十多次。20 世纪 60 年代离休以后的他"离而不休",写下了 100 万字的读书笔记,到学校、工厂、农村、机关八百多个单位作报告一千余场次,成为革命传统的"播种机";他扶危济贫,先后资助的特困学生、困难群众共计二百多人,累计捐出了 40 万元,虽是正军职离休、每月收入上万元,却至今都没有存款,老伴笑他是"穷光蛋主义"者;他以为人民服务为标准,支持社区工作,"关乎群众利益的大事要管,鸡毛蒜皮的小事也要管";他不为个人家庭谋私利,不为子女提干、回城开"绿灯";他不顾自己年迈体弱,义无反顾地加入抗洪保障分队,连续数日拄着拐杖,在大堤上指挥保障分队为抗洪官兵送茶送水。百岁老人刘应启在不同的历史阶段认真履行入党誓言,用自己的一言一行、一举一动维护了党的形象。

议一议

中等职业学校的学生处于人生的青年阶段,请说说自己在这个阶段上的行动特点是什么。

(二)人生行动的影响因素

影响人生行动的因素很多,概括起来,可分为三个方面:一是个体因素,二是社会因素,三是自然因素。

首先,影响人生行动的个体因素包括个人身体健康状况、个性心理特征、知识水平、思想道德品质等。

身体健康是人生成功的最重要的资本,是学习科学知识、追求事业成功、打造幸福家庭的基础。如果一个人或体弱多病,或肢体器官损伤、缺失,其行动一般都会受到某种限制。毛泽东号召青少年要做到"三好",把"身体好"放在首位,其道理就在此。

个性心理特征是个体身上经常表现出来的本质的、稳定的心理特征,主要包括气质、性格和能力。个性心理特征对人生行动具有非常重要的影响作用。

气质是个体心理活动和行为的动力特征,是影响人们知觉速度、情绪和动作反应快慢的因素。

人物的性格不仅表现在他做什么,而且表现在他怎么做。

——恩格斯

性格是人对现实的稳定态度和在习惯化的行为方式中所表达出的具有核心意义的个性心理特征,它不仅影响人们对待学习的态度和行为方式,也影响人们对待社会、集体、他人的态度和行为方式,还影响人们对待自己的态度和行为方式。

能力是在人生行动中形成和发展起来的完成某项任务、达成活动目标所必须具备的个性心理特征,是直接影响活动效率和活动结果的最重要的内在因素。

其次,影响人生行动的社会因素包括宏观的社会环境和微观的社会环境。人们生活在一定的社会环境之中,其人生行动必然要受到社会的各种复杂因素的影响。从宏观上说,主要是受到一定社会经济制度、政治制度、文化传统等的影响。在不同的社会经济制度、政治制度、文化传统条件下,人们经济关系、现实需要、社会诉求不同,因而,其人生行动的内容和方式也就具有很大的差别。今天,中国特色的社会主义经济、政治、文化建设与社会主义和谐社会建设,为广大青年的人生行动提供了极为广阔的空间,同学们一定要努力避免狭隘自私、尔虞我诈等陋习的影响,一定要关注人生,服务社会,努力提高科学文化水平和专业能力,提高思想道德素质和法律素质,准备着为建设富强、民主、文明、和谐的社会主义国家奉献自己的青春年华。

影响人生行动的微观因素包括家庭、学校、社区、亲戚、朋友、同事等。人们都生活在社会大环境中,但也更为直接地生活在微观的社会小环境中。社会小环境中的人际关系、价值观念及其成员的兴趣爱好和知识素养等对于人生行动都具有不可忽视的作用。

孔融,字文举,东汉曲阜人。孔子二十世孙,泰山都尉孔宙次子。融七岁时,某日,值祖父六十寿诞,宾客盈门。一盘酥梨置于寿台之上,母令融分之。融遂按长幼次序而分,各得其所,唯己所得甚小。父奇之,问曰:“他人得梨巨,唯己独小,何故?”融从容对曰:“树有高低,人有老幼,尊老敬长,为人之道也!"父大喜。

在复杂的社会环境因素中,文化环境是影响人生行动更为深刻的因素。人的一生都要受到自己民族文化的熏陶,民族文化影响人的价值观念、道德意识和审美情趣等,进而对人生行动产生影响作用。中国文化博大精深,源远流长,它所包含的刚健有为、贵和尚中、厚德载物、天人协调等文化传统激励着华夏子孙,成为中华民族屡经劫难而不屈并坚强地自立于世界民族之林的精神脊梁。今天,我们建设中国特色社会主义文化,就是要营造一个催人奋进、助人成长的良好的社会氛围,尤其是要培育有理想、有道德、有文化、有纪律的新一代公民,就是要引导人们正确认识共产主义远大理想和现阶段共同理想的关系,更加坚定对中国特色社会主义的信念,以高尚的思想道德鞭策自己,脚踏实地地为中华民族的伟大复兴而不懈努力。

最后,影响人生行动的自然环境因素是指人们赖以生存和发展的各种自然因素的总和,包括大气、水系、动物、植物、土壤以及矿藏等。

人具有社会属性,也具有自然属性。人作为自然的产物,是自然界的一部分,因而其人生行动不可能不受到自然环境的影响。自然环境通过影响人们的行为内容和行为方式,而影响人们的心理特征。在不同的自然环境条件下,人们具有不同的行为内容和行为方式,因而也具有不同的心理特征。自然环境发生了变化,人们的行为内容、行为方式和心理特征也同样会发生变化。

马克思的好友弗·梅林在《论历史唯物主义》一书中曾举例来说明这种观点。他说,美国著名旅行家凯南在《西伯利亚的帐篷生活》一书中说,在堪察加半岛的北部,几乎是地球上最荒凉的居民区,住着由40多个父系家族组成的科尔耶克人的部落,依靠驯养驯鹿为生。因为这种生产方式,他们不得不过着游牧生活。由于气候寒冷,很多人生病,无法治疗,这样对老者和病者,不仅本人痛苦,别人也无法照料,为此感到可怜。他们对于这些老者和病者最好的办法,就是把他们处死。他们并不认为这是惨无人道的做法,反而认为是出于恻隐之心。实际上,科尔耶克人是非常诚实、好客、大度和勇敢的。后来,大约有三四百科尔耶克人,由于瘟疫丧失了他们的驯鹿,被迫定居生活。他们居住在用海水漂来的木板建成的房屋中,从事猎捕鱼类和海狗。他们同俄国的农民、商人和美国的捕鲸人进行贸易。由于生产方式的改变,他们的整个生活过程也发生了变化。凯南说:"这些从事商业的科尔耶克人,毫无疑问的是西伯利亚东北部最坏、最丑恶、最粗暴、最堕落的土人……他们生活残酷粗野,对任何人都不知廉耻,报复心强,无耻且虚伪。他们的一切都和游牧的科尔耶克人相反。"凯南说:"我对很多游牧的科尔耶克人怀着真正的、衷心的敬佩。但是他们的定居的家族却是我在西伯利亚北部……所见到过的最坏的人种。"

既然人的生存和发展要依赖自然,离不开自然,那么,在我们的人生行动中一定要适应自然,善待自然,按照自然的规律改变自然,努力实现人与自然的和谐,努力建设美丽中国,实现中华民族永续发展。

(三)人生存在于行动之中

个体因素、社会因素、自然因素制约着人生行动,人们又通过自己的行动不断地突破这些制约,创造着自己的生活,历练着自己的人生。

> **学而不能行,谓之病。**
>
> ——《庄子》

人生,无论是成功还是失败,它都存在于行动之中。要成就成功的人生,就必须行动。人生的理想、目标只有通过人的行动才能实现。不采取行动,只是把理想当成渲染自己的空洞口号,或者只是沉湎于纸醉金迷的物质生活,就会一事无成,就会失去真正属于人的存在的实际价值。

案例链接

在古老的森林里,阳光明媚,鸟儿欢快歌唱,辛勤劳动。其中有一只寒号鸟,有着一身漂亮的羽毛和嘹亮的歌喉。它到处卖弄自己的羽毛和嗓子,看到别人辛勤劳动,反而嘲笑不已。冬天就要到了,好心的鸟儿提醒它说:"快垒个窝吧! 不然冬天来了怎么过呢?"

寒号鸟轻蔑地说:"冬天还早呢,着什么急! 趁着今天大好时光,尽情地玩吧!"

就这样,日复一日,冬天眨眼就到了。鸟儿们晚上躲在自己暖和的窝里安乐休息,而寒号鸟却在寒风里冻得发抖,它悔恨过去,哀叫未来:"哆嗦嗦,哆嗦嗦,寒风冻死我,明天就垒窝。"

第二天,太阳出来了。沐浴在阳光中的寒号鸟好不得意,完全忘记了寒夜的痛苦,又快乐地歌唱起来。好心的鸟儿又一次劝它:"快垒个窝吧,不然,晚上又要冻得发抖了。"寒号鸟嘲笑地说:"不会享受的家伙。"

寒夜在北风呼叫中又来临了,寒号鸟又重复着昨天晚上一样的故事。就这样重复了几个晚上,大雪突然降临,鸟儿们奇怪怎么没有了寒号鸟的叫声呢?

太阳一出来,大家寻找一看,寒号鸟早已被冻死了。

议一议

得过且过是人生之大害。想一想,自己应该怎样克服懒散怠惰的思想。

人生行动是物质力量和内在精神的统一,是物质力量的外化过程,也是内在精神、道德力量的展示过程。行动是人生的起点,人生的历程要从这里起步,人生理想、目标的实现,都必须通过实实在在的行动;行动是人生的基本内容,要使自己的生活更加充实,就必须刻苦地学习和勤奋地工作,为社会创造财富作出贡献;行动是人生的老师,只有在行动中,才能认识和感悟人生,获得人生的智慧和能力,成为敢于挑战自我、挑战生活的勇士。

案例链接

16 岁的王钦峰初中毕业时没有考上高中,就选择了去一家汽车配件厂打工。不甘于一辈子做普通工人的王钦峰也有一个拥抱未来的强烈愿望。学识的浅薄没有能够阻断他的求知之路,低微的工资也没有粉碎他的"技术梦"。他如饥似渴地学习机械制图、电子电路、线路板设计知识,硬是在三年的时间里把这些技能"啃"了下来。

王钦峰喜欢钻研,至今他已累计完成四十多项工艺革新。他研制的防弧电路,破解了国内轮胎模专用电火花机床烧结难题;他独立设计的轮胎模专用三坐标测量仪、电火花去死锥机床等 28 项新产品,填补了国内相关领域的空白;他研制的无阻电源,使机床节能达 48%,每年可为企业节约电费、材料费等共 300 多万元。

王钦峰是人生行动的强者,现在的王钦峰已经从普通工人成长为一名优秀工程师。他不仅是公司的十大股东之一,拥有过千万元的股份价值,还是全国五一劳动奖章获得者、全国劳动模范、中国青年五四奖章获得者。

议一议

为什么王钦峰会成为中国青年五四奖章获得者? 你是怎样在学习和生活中挑战自我的?

一分耕耘，一分收获。古今中外，大凡获得人生成功的人无一不是行动的强者，而那些在人生历程中的失败者，大多都是语言的巨人，行动的矮子。

> **筋力之士矜难，勇敢之士奋患。**
>
> ——《庄子》

（四）敢于行动，善于行动

在人生道路上，我们要敢于行动，因为万事开头难，只有踏出了第一步，才会有后面的成功。敢于行动依靠的是勇气。勇气，是在未知的道路中行走的坚定，是在落入困境后的坚持。古希腊著名的哲学家亚里士多德曾经说过："勇气过少是怯懦，勇气过多则是鲁莽。"

我们不仅要敢于行动，而且要善于行动，也就是要在遵循客观规律的基础上行动。盲目的行动只能是缘木求鱼、南辕北辙。只有正确认识和掌握规律，按照客观规律办事，才可能成功；而违背客观规律，则会处处碰壁。

那么，我们怎样才能做到善于行动呢？这就要求我们尊重客观规律，按照客观规律去行动。

规律是事物之间的必然联系，即必然性，它体现着一种"必定如此"的趋势。例如，力学中的自由落体运动的规律是指一切物体在排除空气的阻力等条件下，都是以该物体的重力加速度向地面下落，这是物质运动过程中必定如此、确定不移的趋势。又如，当具备一定的土壤、水分、阳光、空气、肥料等条件时，遗传规律就决定了麦种撒到田里，必定长成麦苗并结出麦穗，绝不会结出西瓜或豆子来，这也是确定不移的，具有必然性。总之，规律不是主观想象的联系，而是事物本身的联系；规律不是现象的联系，而是事物固有的联系，即本质的联系；规律不是偶然的联系，而是必然的联系。

案例链接

有一天,小花猫看见老黄牛在耕地,小花猫问:"黄牛伯伯,你这是在干什么?"老黄牛告诉小花猫说:"我在耕地种庄稼,要吃大豆就种大豆,要吃南瓜就种南瓜。"小花猫急忙回家,拿来锄头挖了许多坑,把钓来的鱼种在坑里。从此,小花猫每天守在坑旁边。可是,时间一天天过去了,小鱼还是不发芽。小花猫气得胡子直翘,可是它始终不知道错在哪里。

这个故事告诉我们,一切事物的变化发展都有客观规律,违背它、藐视它,就会遭到惩罚。小花猫的种鱼行为违背了生物生长的客观规律,因而不可能成功。

议一议

小花猫犯了什么错误呢?请结合实际谈谈应当如何避免犯小花猫这样的错误。

人在客观规律面前并不是完全消极被动的,这是我们善于行动的可能性条件。人们在实践中,通过大量的外部现象,可以认识客观规律,并用这种认识指导实践,即应用客观规律来改造自然,改造社会,为社会谋福利。人们要想在活动中达到预期目的,取得成功,就要从实际出发,坚持实事求是,认识和尊重客观规律,按照客观规律办事,否则就会受到客观规律的惩罚。

案例链接

《庄子·养生主》中记叙了这样一个故事。这一天,庖丁被请到文惠君的府上,为其宰杀一头肉牛。只见他用手按着牛,用肩靠着牛,用脚踩着牛,用膝盖抵着牛,动作极其熟练自如。当他将屠刀刺入牛身时,那种皮肉与筋骨剥离的声音,与庖丁运刀时的动作互相配合,显得是那样的和谐一致,美妙至极。站在一旁的文惠君不觉看呆了,他禁不住高声赞叹道:"啊呀,真了不起! 你宰牛的技术怎么会这么高超呢?"庖丁见问,赶紧放下屠刀,对文惠君说:"我做事喜欢探究规律,因为这比一般的技术技巧要更高一筹。我在刚学宰牛时,因为不了解牛的身体构造,眼前所见无非就是一头庞大的牛。等到有了三年的宰牛经历以后,我对牛的构造就完全了解了。我再看牛时,出现在眼前的不再是一头整牛,而是许多可以拆卸下来的零件! 我宰牛多了以后,就知道牛的什么地方可以下刀,什么地方不能下刀。我可以娴熟自如地按照牛的天然构造,将刀直接刺入其筋骨相连的空隙之处,这样便不会使屠刀受到丝毫损伤。"文惠君听了庖丁的一席话,连连点头:"我听了您的这番金玉良言,学到了不少修身养性的道理啊!"

不仅仅是"庖丁解牛",万事万物都有自己的规律。我们在人生道路上,无论是学习还是工作,都应探求事物的规律,并将其应用到自己的行动中,脚踏实地走好人生路。

第三节 自觉能动与自强不息

一、人生是自觉能动的过程

(一)自觉能动性

人的自觉能动性通过人的"想"和"做"这两种活动途径来实现。"想"就是动脑筋去认识事物,了解事物,旨在把握事物的本来面目和运动变化规律，以达到对事物本质的把握；"做"就是通过实践去改造事物，创造事物。

"想"和"做"是辩证的统一，是一个活动的两个方面。

"想"是"做"的前提，没有"想"就不会有明确的目标，周密的计划；缺乏"想"，"做"往往是盲目的，易遭到失败的。只有经过周密的思考，精心的布置，才更容易获得成功。正所谓"运筹帷幄之中，决胜千里之外"。

"做"是"想"的目的，"想"是为"做"服务的，是为了"做"的更好。离开"做"，"想"便失去意义，成为空想，任何伟大的构想只有通过"做"才能变成现实。

（二）人的自觉能动性的具体表现

1. 意识活动的目的性和计划性

人们在反映客观对象时，总是从实际的需要出发，带有一定的主观倾向性和要求，抱着一定的动机和目的。活动前设计的蓝图、目标、活动方式、步骤等，就是意识活动的目的性和计划性的体现。

案例链接

1986 年，王大珩、王淦昌、杨嘉墀、陈芳允四位科学家提出要跟踪世界先进水平，发展我国高新技术的建议。邓小平两天后就作出了批示："宜速决断，不可拖延。"经过广泛、全面、极为严格的科学和技术论证后，中共中央、国务院批准了《高技术研究发展计划纲要》即 863 计划，这个计划明确了对中国未来经济和社会发展有重大影响的生物技术、航天技术、信息技术等 7 个领域，确立了 15 个主题项目作为突破重点，以追踪世界先进水平。20 年来，我国在生物、信息、自动化、新材料、能源和海洋技术等领域，以及超导、信息安全等方面取得了丰硕成果，不能不归功于 863 计划。

2. 意识活动的主动创造性

列宁指出："人的意识不仅反映客观世界，而且创造客观世界。"人的意识对客观世界的反映是一个能动的创造性的过程。意识不仅能够反映事物现象，而且能够透过现象抓住事物的本质和规律，从而预测未来，并以此指导实践，发挥创造性作用。

案例链接

三国时的诸葛亮，未出茅庐已知三分天下，在隆中为刘备进行创造性的战略策划，建议他占荆州，夺四川，东和孙权，北攻曹魏，因此奠定了三国鼎立抗衡的局面。难以想象，假如没有诸葛亮此人，会不会有所谓的"三国时代"。

3. 人的自觉能动性突出表现在对客观世界的改造上

人的意识不仅在于在实践中认识世界，更重要的是把观念的东西通过实践变为现实，在自然界打下人类"意志的印记"。

案例链接

青藏铁路的修成通车就是人类改造自然的一个奇迹。在许多外国人看来，西藏根本没办法修铁路，那里有5 000米高的山脉要攀越，有绵延上千公里的根本不可能支撑铁轨和火车的冰雪和软泥，有零下40摄氏度的低温和稀薄的氧气，在这种地方怎么能架桥铺轨呢？然而，就在这种极端复杂的条件下，我国建设者们相继攻克了浅埋冻土、隧道进洞、冰岩光爆、冰土防水、隔热等多项世界性高原冻土施工难题，在施工中大胆使用新设备、新材料、新技术、新工艺，依靠科学技术创造了一个个世界之最。

> **天行健,君子以自强不息;地势坤,君子以厚德载物。**
>
> ——《周易》

4. 意识对人生理活动及精神状态的影响

现代科学证明,意识和心理因素对人的生理健康及精神状态有着重要影响。日常生活中,心情愉快,就会精神振奋,身体健康;心情忧郁,就会无精打采,容易生病。人常说:笑一笑,十年少;愁一愁,白了头。这话虽然有些夸张,却含意深刻,说的正是这个生活哲理。

案例链接

英国前首相帕麦斯松年轻时做过小吏,由于工作过分紧张,精神失调,虽然长期药物治疗,仍无起色。后来,一位医生对他进行了一番仔细的检查后,开了一个奇怪的药方:"一个小丑进城,胜过一打医生。"机灵的帕麦斯松从此以后经常抽空去看各种滑稽戏、马戏和戏剧,经常高兴地大笑,愉快的心境使他恢复了健康,又开始了新的工作。

二、自信自强是人生发展中重要的主观因素

(一) 自信就是相信自己

心理学家这样解释:信心是一种相信"我确实能做到"的积极心理认定。信心的力量是惊人的,它可以改变一切恶劣的现状,令我们的每一个意念充满力量,产生令人难以置信的结果。

心理学家马斯洛曾经说过:"心若改变,你的态度就跟着改变;态度改变,你的习惯就跟着改变;习惯改变,你的性格就跟着改变;性格改变,你

的人生就跟着改变。"可见,心态的改变不仅影响着人的行为,还决定了人生的方向和成就。一个人在沙漠上行走,有半杯水。如果他想的是我只有半杯水,走在沙漠中的他感觉到的就只有绝望、无助和黑暗。反之,如果他想的是我还有半杯水,截然不同的想法,会使他看到走出去的希望。心态是一种选择,每个人都可以通过自己的努力来选择积极的心态。

案例链接

　　自信是一种肯定性的积极心态。心理学家哈德菲尔德做过一个心态对人影响的实验。他请来了三个人,让他们全力握住测力器,并让他们先后处于三种不同的心态。在正常的心态下,他们的平均握力为101磅。当他们被警告身体相当虚弱,可能患有大病,处于萎靡不振的心态,他们的平均握力只有29磅,还不到正常握力的三分之一。第三次测试时告诉他们,每个人的身体都非常强壮,没有任何毛病,处于最佳的心态,结果平均握力可达142磅。这个实验结果证明了人的心态对人的行为取向和行为结果有巨大的影响。

> 　　心,信其可行,则移山填海之难,终有成功之日;心,信其不可行,则反掌折枝之易,亦无收效之期。
>
> 　　　　　　　　　　　　　　　　　　　——孙中山

案例链接

　　李四光是我国卓越的科学家,地质力学的创立人。在20世纪20年代之前,国际地质学界和地理学界长期流行一种观点:认为中国内地没有第四纪冰川。李四光想：外国地质学家并没有做过认真调查，凭什么说中国没有第四纪冰川？他不信洋人，1921 年，李四光亲自到河北太行山东麓进行地质考察，1933 年到 1934 年又到长江中下游的庐山、九华山、天目山、黄山进行考察，然后写出论文，论证华北和长江流域普遍存在第四纪冰川。1939 年，李四光又在世界地质学会发表《中国震旦纪冰川》一文，用大量实证证实中国冰川遗迹的存在，这对地质学、地理学和人类学都是一大贡献。

20 世纪初，美国美孚石油公司，曾在我国西部打井找油，结果毫无所获。于是以美国布莱克威尔教授为首的一批西方学者，就断言中国地下无油，中国是一个"贫油的国家"。年轻的地质学家李四光偏偏不信这个邪：美孚的失败不能断定中国地下无油。他说："我就不信，油难道只生在西方的地下？"在这种强烈的自信心的支配下，他开始了 30 年的找油生涯。他运用地质沉降理论，相继发现了大庆油田、大港油田、胜利油田、华北油田和江汉油田。他当时还预见西北也有石油。今天正在开发的新疆大油田，也完全证实了他的预言。李四光靠自信的心态和自强不息的行动彻底粉碎了"中国贫油论"。

议一议

李四光为什么成功了？他的成功给了我们什么样的启示？

（二）自强代表了在逆境中不低头、不服输的精神

自强是中华民族的传统美德，是中华民族不屈的脊梁，是中国人民传世的精神。因此，我们要努力培养自强精神。

1. 自强要求自立、自主

自立，就是要确立靠自己不靠别人的观念，不能一味依附别人，依赖别人恩赐。要把争取个人幸福建立在自己努力的基础上，自己的幸福要

依靠自己争取,不求别人代办,不求别人恩赐。自主,是自己对自己负责,要把命运掌握在自己手里。

2. 自强与自信紧密相连

自强要求我们对自己有信心,充分认识自己,相信自己的力量。自信的人才能自主,自主的人才能自由。依附于别人的人,往往是缺乏自信的人。信心就是力量,力量来源于信心。人会因为失去信心而自我萎缩,也会因为怀有信心而自立自强。自信不是自满,也不是孤芳自赏。自信不是认为自己无所不能,而是对自己的能力有充分的认识。

> **眼前多少难甘事,自古男儿多自强。**
>
> ——李咸用

3. 自强要求有自勉的精神

也就是发挥自身的积极性。无论是自立、自主还是自信,必然要落实到行动上,要积极乐观地去行动。乐观的人生态度才是"自强不息"的真正含义。

4. 自强要求我们勇于承担责任

生活中,既有成功又有失败。在失败的时候,我们不能怨天尤人,而应该从自身方面找原因。只有这样才能真正了解自己,做到自强不息。

案例链接

海伦·凯勒是著名的美国作家。她刚出生时,是一个正常的婴儿,能看、能听,也会咿呀学语。但在她19个月大的时候,猩红热夺去了她的视力和听力,不久,她又丧失了语言表达能力。这样的打击,对于小海伦来说无疑是巨大的。每当遇到不顺心的事,她便会乱敲乱打,野蛮地用双手抓食物塞入口中。若试图去纠正她,她就会在地上打滚乱叫,简直像个"小暴君"。父母在绝望之余,将她送至波士顿的一所盲人学校,聘请沙莉文老师照顾她。在老师的教导和关怀下,小海伦渐渐地变得坚强起来,在学习上十分努力。一次,老师对她说:"希腊诗人荷马也是一个盲人,但他没有对自己丧失信心,而是以自强不息的精神战胜了厄运,成为世界上最伟大的诗人。如果你想实现自己的追求,就要在心中牢牢记住'努力'这个可以改变你一生的词。只要你选对了方向,而且努力地去拼搏,那么在这个世界上就没有比脚更高的山。"老师的话,犹如黑夜中的明灯,照亮了小海伦的心,她牢牢地记住了老师的话。从那以后,小海伦在所有的事情上都比别人多付出几倍的努力。在她刚刚 10 岁的时候,名字就已传遍全美,成为残疾人士的模范。1900 年,这个年仅 20 岁的姑娘学习了指语法、凸字及发声,并通过这些方法获得超过常人所能及的知识,并进入了哈佛大学拉德克利夫学院学习。在她 24 岁的时候,作为世界上第一位受到大学教育的盲聋哑人,她以优异的成绩毕业。她虽然是位盲人,但读过的书却比视力正常的人还多。不仅如此,她还凭着惊人的毅力完成了《假如给我三天光明》《我的生活》《我的老师》等 14 部著作。《我的生活》是她的处女作,作品一发表立即在美国引起轰动,被称为"世界文学史上无与伦比的杰作",其出版的版本超过百余种,在世界上产生了巨大的影响。

❓议一议

海伦·凯勒用什么精神来克服残疾的困难? 你在生活中是否具有这样的精神?

（三）自信自强的精神是个人存在和人生意义的一种体现

马克思主义哲学认为,个人的存在是社会存在的一种体现。个人的价值和人生的意义需要在社会中实现,也就是说,我们每个人都应该为这个社会作出自己的贡献。这首先要求我们做到自信自强。只有自信，才能站在为社会作贡献的起跑线上；只有自强，才能在这条道路上走得更远。

案例链接

17岁的张纯康在日本长野举行的第八届世界冬季特奥运动会上，获得了雪鞋走项目4×100米金牌、800米金牌和200米银牌，后来还被推选为全国的"特奥领袖"。以前张纯康非常自卑，总是躲在角落里，害怕与外界打交道，从不主动跟人说话，甚至接个电话也不行。特奥运动帮他打开了与外界交流的心门。市里举行比赛时，他已经可以作为小记者去做采访。刚入选运动队时，张纯康的体能是5个队员里最差的。为了增强体能，他在两个脚踝上绑上沙袋，跑步时绑，平时走路时绑，皮肤磨破了他还是一声不吭。他家住得离学校远，每天早上6点训练，他4点多就要起床，且从不请假。他经常帮教练搬训练器具，帮队友拎毛巾、装备，什么"脏活累活"都抢着干。张纯康说："不觉得辛苦，参加训练、比赛后我觉得很开心。"

议一议

张纯康的行为体现了一种什么精神？

自强不息的精神是中华民族的传统美德。《周易》中有这样一句话："天行健，君子以自强不息。"意思是天（即自然）的运动刚强劲健，相应于此，君子处世，应像天一样，力求进步，刚毅不屈，发愤图强，永不停息。也就是说君子应该像自然一样运行不息，即使颠沛流离，也不屈不挠。

案例链接

　　小沈阳在 2009 年的春节联欢晚会上一炮打响,作为东北小山村中走出来的苦孩子,一路走来,他遇到了很多困难。小沈阳原名沈鹤,出生在一个普通的农民家庭,家里生活压力一直很大。小沈阳 13 岁小学毕业那年进了武术学校,没多久就因为交不起学费退学了,小沈阳少年时代的第一个梦破灭了。为了减轻家里的经济负担,小沈阳就跟着妈妈到处唱二人转挣钱。有人听完小沈阳的二人转之后建议小沈阳去铁岭艺术团学习。小沈阳动心了,妈妈也动心了,可是学费要 1 000 元,家里翻个底儿朝天也只找到了 700 元。沈爸爸就揣着这 700 元钱,把小沈阳送到了铁岭。好在艺术团的老师看中小沈阳是块好料,就没再计较学费。经过在艺术团的学习,小沈阳开阔了眼界,决定外出闯荡,依靠二人转挣大钱。他睡过车站,拿不着工钱,甚至还挨过打。起初在二人转小剧场演出时,小沈阳还常被人哄,每次演出都如临大敌。但他从未想过放弃,始终坚定自己的追求。渐渐地,爱听他的二人转的观众越来越多了,最终,小沈阳成功地走上了春晚的大舞台,为全国人民带来了欢乐。

议一议

　　小沈阳为什么会获得成功? 为什么说"事在人为"? 为什么说人生要有自强不息的精神?

　　在人的一生中,挫折和困境随处可见。有些人遇到挫折之后就选择放弃,以逃避困难的方式面对自己的人生;有些人却在遇到挫折之后选择坚持,以积极克服困难的方式面对自己的人生。前一种人的人生之路会越走越窄,而后一种人的人生之路却越走越宽。因为克服了一个困难,就是战胜了一个挑战;反之,选择了逃避,我们就会留下永远的遗憾。

处于青年时期的我们,在成长中会遇到很多困难。常言道:"玉不琢,不成器。"正是一次次困难和挫折的洗礼,才能使我们从粗糙的石头变成温润的美玉。我们要在解决困难和战胜挫折的过程中,完善自我,实现人生。

第二章

用辩证的观点看问题，树立积极的人生态度

第一节　普遍联系与人际和谐

案例链接

围 魏 救 赵

　　战国时期，魏国重兵包围了赵国首都邯郸，赵国向齐国求救。齐大将田忌准备率军赶去赵国，谋士孙膑劝阻说："要解开杂乱纠纷，不能握拳不放；要解救相斗之人，不可舞刀弃枪。避实就虚，给敌人造成威胁，邯郸之围便可自解。如今魏军全力攻赵，精兵锐卒势必倾巢出动，国内一定只剩老弱兵丁。将军不如轻装疾奔魏都大梁，占据险要，攻其虚处。敌人必回自救，这样，我们便能一举解开邯郸之围，又可乘魏军疲惫之际，一鼓歼之。"田忌按照孙膑的布置进行。魏军果然慌忙回师，行到桂陵地面，齐军杀出，大败魏军。邯郸之围解也。

议一议

为什么齐军攻打魏国首都大梁，而赵国邯郸之围即解呢？

　　世界是一幅由种种联系交织起来的画面，科学和哲学的任务就在于发

现世界普遍联系的特征、环节和规律。世界在普遍联系中获得自己的本质和发展条件,从而使客观世界不断地由低级向高级发展变化。同样,对于个人来说,在横向关系上,我们在世界之中并不是孤立的,人与人之间紧密联系,作为社会人,我们要学会如何与人相处;在纵向关系上,我们的人生道路有起有伏,我们要学会在逆境中自省,在顺境中发展,树立积极的人生态度。

一、用普遍联系的观点看问题

(一)联系的客观性和普遍性

在哲学中,联系是一个基本概念,它涵盖了事物或现象之间,事物内部因素之间一切相互联结、相互依赖、相互作用、相互影响的关系。联系的观点是唯物辩证法的一个总特征。

> 当我们深思熟虑地考察自然界或人类历史或我们自己的精神活动的时候,首先呈现在我们眼前的,是一幅由种种联系和相互作用无穷无尽地交织起来的画面。
>
> ——恩格斯

唯物辩证法认为,联系的基本特征包括客观性、普遍性和多样性。事物联系的客观性是指联系是事物本身所固有的,就是说,事物之间的联系既不是任意的,也不是偶然的,它不以人的意志为转移;人们关于联系的观念是对于客观存在着的联系的反映。联系的普遍性包括两重含义:一是指世界上一切事物、现象和过程都不能孤立的存在,都与周围其他事物、现象和过程这样那样地联系着,整个世界是由种种联系构成的统一整体,每个具体事物都是这个统一整体的一个部分和环节;二是指任何事物、现象和过程内部的各个部分、要素、环节、成分又相互联系、相互作用着。世界上没有哪一种事物不处于联系之中,没有联系就没有事物,没有联系就没有世界。联系的多样性是指事物之间的联系不是单一的，而是纷繁复杂的。从联系的基本类型来看，包括自然界事物之间，人类社会不同事物之间的联系以及人与自然和人与社会之间的联系；从表现形式上，我们可以把联系划分为直接联系与间接联系、内部联系与外部联系、本质联系与非本质的联系、必然联系与偶然联系、可能的联系与现实的联系等。不同的联系会对事物的发展产生不同的影响。

达尔文在论述生物进化论时，曾经提到他的一项著名而有趣的发现——"食物链"。他观察到，在养猫越多的地方，羊也可以养得越多。但是猫和羊又有何相干呢？原来羊吃的有一种三叶草，这种草是靠丸花蜂来授粉的，而田鼠为吃这种蜜蜂往往会破坏蜂巢，所以，田鼠多了，蜂就少了，从而三叶草传粉的机会也就越少。相反，养猫越多，田鼠越少，丸花蜂也就越多，三叶草也就获得好收成，三叶草越多，牧草充足，羊的数量自然也就越来越多了。因此，"猫—田鼠—丸花蜂—三叶草—羊"之间就形成了一根相互联系的食物链。

"食物链"所揭示的生物界相互联系、相互制约的规律告诉我们，有许多看起来风马牛不相及的事物，实际上却存在着千丝万缕的联系，因此，我们不能撇开事物之间的联系孤立地考察问题。

请再举几个例子说明事物联系的普遍性。

（二）联系的条件性

联系的多样性和条件的复杂性是密切相关的，具体地分析事物联系的多样性，必须研究条件问题。所谓条件，就是指同某一事物相联系的、对事物的存在和发展发生作用的要素的总和。世界上任何事物都处于普遍联系之中，任何具体事物都是有条件的，总是在一定条件下能产生，在一定条件下能发展，又在一定条件下趋于灭亡，因此，任何具体的联系都依赖于一定的条件，随着条件的改变，事物之间以及事物内部各因素之间联系的性质和方式，也会发生变化，这就是联系的条件性。一切以时间、地点和条件为转移。离开条件,一切都无法存在,也无法理解。黑格尔、车尔尼雪夫斯基和列宁都曾举过下雨的例子,说明撇开联系、脱离条件来孤立地考察问题,就连对"下雨好不好"这样简单的问题都无法作出正确的判断,更不用说解决稍许复杂一些的问题了。

唯物辩证法之所以坚持一切以时间、地点和条件为转移的观点,这是由条件本身的唯物辩证的性质决定的。

(三)普遍联系的方法论意义

普遍联系的观点是唯物辩证法的基本观点之一,是我们观察和处理人生问题的基本方法,它要求我们:

1. 要用普遍联系的观点看问题

在认识事物的过程中,把个别事物从普遍联系中抽取出来加以单独的、分别的研究是必要的。但是,在研究个别事物的时候,却不能忘记它同周围其他事物的相互依赖、相互作用、相互制约的关系。就是说,看问题不能只见树木,不见森林,顾及一点,不及其余。青年学生在人生成长中应该积极参与社会活动,在与他人的交往中增长自身才干和素质,防止以自我为中心和独来独往。

⚙ **深度拓展**

《吕氏春秋·察今》有这样的记述:"有道之士,贵以近知远,以今知古,以所见知所不见。故审堂下之阴,而知日月之行,阴阳之变;见瓶水之冰,而知天下之寒。鱼鳖之藏也;尝一脔肉,而知一镬之味,一鼎之调。"

从人身体上割下来的手,就不是原来意义上的手。

——黑格尔

2. 要从整体上把握事物的联系，处理好局部和整体的关系

认识和处理问题既要认真对待每一个局部的细节，重视个体对整体的意义，又要善于从大局出发，把局部问题放在整体的联系中去认识和解决。充分认识到集体在个人人生发展中的重要作用，也要充分认识到个人对集体和社会的重大价值。

3. 必须摒弃形而上学的思维方式

形而上学就是用孤立、静止、片面的观点看待世界、观察问题的世界观和方法论。形而上学否认事物之间的普遍联系，在绝对不相容的对立中思维，"是就是，非就非，除此以外都是鬼话"。用这种思维方式看待问题，就难以避免以偏概全的错误，把问题简单化、表面化，得不出正确的认识。

案例链接

有个书呆子从古书上读到"蝉翳叶"的故事，信以为真，就四处寻找，把蝉躲藏处的树叶全部摘下，拿回家遮脸作试验，问妻子能不能看见他。妻子生气地说看不见。他就拿这片树叶去街上行窃，被抓后说："我一叶障目，你们能看见？"

议一议

你有没有犯过"一叶障目"的错误？为什么？

二、用普遍联系的观点看待人际关系

（一）人际关系的内涵

人际关系就是人们在生产或生活活动过程中所建立的一种社会关

系,是人的社会联系的基本形式,一般体现在人与人的相互交往中。具体来讲,人际关系就是人们在社会生活中通过物质和精神的交往实践而建立起来的人与人之间的社会关系。人际关系在人类社会的形成和发展进程中起到重要的推动作用。

人际关系对于人一生的发展极为重要,它不但是人的基本社会需求,而且通过人际关系还可以达到自我实践与肯定,甚至可以检验自我的社会心理是否健康。同世界上一切事物的普遍联系一样,社会生活中的人际关系是无处不在的。每个人都生活在纵横交错的"人际关系网"中,离开了与他人的人际交往,单个的人就无法生存和发展。人际关系是通过人们的人际交往来体现和确证的。

深度拓展

人际交往作为人际之间交换物质、能量、信息的行为,是人类的基本生存活动形式,在社会生活领域中有着广泛的需要并发挥着促进个性形成、满足心理需要、交流信息、形成人际关系等多种多样的功能。

在人类社会的形成过程中,正是伴随着人们分工和交往的出现,人类文明才得以向前发展。由于分工和相互交往的出现,世界各地的人们逐渐从地域性的生产扩大为世界范围的生产。交往手段日新月异生产,世界市场也在这一过程中逐渐形成。人们之间的交往关系不断制度化、规范化,随后社会制度开始形成。不仅如此,人们的社会交往也是推动社会不断前进的巨大力量。伴随着人们交往深度的延伸和广度的扩大,全球经济、社会、文化、产品日益向全球化发展,世界正在逐渐融为一体。

(二)人际关系的特征

人际关系作为人类社会的重要特征之一,具有广泛性和复杂性的特征。

人际关系伴随人类终生。随着科学技术的不断发展以及经济全球化的不断推进,人与人之间联系的范围越来越大,彼此交往的时空距离越拉越近,广阔的世界逐渐成为一个小小的"地球村"。人们通过亲属关系、朋友关系、同学关系、师生关系、雇佣关系、战友关系、同事及领导与被领导关系等彼此联结在一起,并不断向更大的范围辐射,由此,人际关系的广泛性可窥一斑。

人际关系又是复杂多变的。在广泛多样的社会联系和社会活动中,人们充当不同的社会角色,再加上每个人的思想、背景、态度、个性及价值观又各不相同,人际关系也因此表现为合作、竞争、吸引、排斥、服从和对抗等复杂的状态。

我们在处理人际关系时必须坚持正确的原则方法,才能建立良好和谐的人际关系。

三、建立和谐的人际关系

（一）中国历史传统中的人际和谐

和谐是中华民族人文精神的基本理念和首要价值,是中华传统文化思想的精粹和生命智慧,是中华民族精神的体现,也是中华心、民族魂的体现,是人与自然、社会、心灵、文明之间的多样性的差别、冲突的协调、平衡、融合。总的来说,和谐是中华民族一以贯之的文化理念、文化实践和理想追求的总和。

深度拓展

《中庸》提到"和也者,天下之达道也";孔子强调"和为贵",把和谐作为其思想的最高目标;孟子说"天时不如地利,地利不如人和",把"人和"

作为战胜一切困难,克敌制胜的法宝。

和谐文化是中国传统文化的精髓,也是中华民族凝聚力的源泉,它把个人与他人、个人与群体、个人与人类作为一种文化关系,以和谐为纽带,有序地联结起来,成为"修身、齐家、治国、平天下"的行为规范。

中国传统文化讲修身,主张人通过修身,实现理想的人格和完美的精神境界,在自身修养的基础上,实现人际关系和谐。实现了人际关系和谐,就可以超越人际关系中狭隘的利益交换关系和急功近利倾向,人与人之间以诚相见,处在和谐、有序的关系之中。人际和谐不仅是人立身处世的根本,也是个人与他人、个人与群体、个人与人类和谐的基础。

中国传统文化讲治国,主张通过治国实现群体的和谐,通过群体和谐实现对国家的治理。人生活在群体中,要树立群体意识,人对群体应有责任感,要有义务观念和奉献精神。人"同群",人也"能群"。一个人只有对群体作出贡献,才能获得群体的认同。

中国传统文化讲天人和谐即人与自然的和谐,认为人生于天地之间,与天地并立。人源于自然,又生存和发展于自然,人的理想目标是与天地万物为一体。这是天人和谐的理想境界。天人和谐必须以人类自身和谐为基础,因为人与自然和谐的实现,是天下全人类的共同行为,无论是合理开发、利用地球上的资源,还是人类生存环境的保护,都是天下全人类的共同行为,需要人类的共同行动、齐心协力。"夫大人者与天地合其德","仁者,以天地万物为一体",天人和谐是三大和谐的最高理想境界。

作为和谐重要内容之一的人际和谐,是中华民族传统文化的宝贵资源。人际和谐的思想不但维系了中国古代文明的繁荣稳定,而且也是我们今天构建社会主义和谐社会,实现民族统一,增强民族自信心和自尊心,增强民族凝聚力和综合国力的内在要求,是我们处理人际关系所应秉持的基本原则。

（二）人际和谐的内涵与原则

从本质上讲，人际和谐是人们在一定生产方式基础上，通过社会实践逐渐达成的，以爱心、良心和责任心为前提，友爱互助、分工合作，解决矛盾、协调利益，各尽其能、各得其所，共生共赢、积极向上的人与人关系的样态或理想境界，人际和谐是社会和谐的基础。但需要指出的是，人际和谐既不是不分是非、不讲原则、彼此讨好的"一团和气"，也不是回避、掩盖矛盾和问题、息事宁人的"得过且过"。

作为新时期的青年学生，我们所要面对的主要是处理好人际关系，努力实现人际和谐。在营造和谐的人际关系的过程中，应遵循以下交往原则。

1. 平等原则

和谐的人际关系应该是平等的关系。追求平等、公正是人类的一种道德诉求，是和谐社会的重要特征。我国长期以来在物质分配上就有"不患寡而患不均，不患贫而患不安"的心理追求。平等关系就是无论性别，无论职业，无论做官还是为民，无论官大还是官小，作为人类社会的一员，都是平等的，没有高低贵贱之分。我国宪法规定"法律面前人人平等"，在社会交往中也应该是人人平等。人与人之间需要摒弃不平等的心理和行为，需要解决好公平和公正问题。

> **人之为善，百善而不足；人之为不善，一不善而足。**
>
> ——杨万里

2. 友善原则

和谐的人际关系应该是友善的人际关系。社会和谐的基本体现就是人的行为的和谐，倡导善行、贬斥恶行，社会成员用积德行善来规范和约束自己，在人与人的相处中体现出善心、爱心、关心。人做好事，即使做上一百件也还不够;做坏事,即使做上一件也多了。坚持为善,切忌为恶,始终保持一颗善良的心。

3. 文明原则

和谐的人际关系应该是健康的、文明的,而不是庸俗的。和谐的人际关系绝不是不讲原则、不讲是非,不是和稀泥、一团和气,更不是虚情假意的虚伪关系。人类社会本来就是一个复杂的系统,人们各方面存在差异,人与人之间存在矛盾,是正常的。没有差异,没有矛盾是不可能的,也不符合社会运行的规律。正是因为有差异、有矛盾,社会才在不断地缩小差异,才能在解决矛盾中进化、发展、前进。和谐的人际关系本质上就是在不同中求得和谐相处,在取长补短中求得共同发展。

4. 诚信原则

和谐的人际关系应该是诚信的关系。诚信是人与人相处的基本要求,是友爱的前提。没有诚信,人与人之间就不会有信任、理解;没有友好关爱,更无从谈论社会和谐。儒家的诚信思想虽然建立在自然经济基础之上,但市场经济靠诚信支撑已是不争的事实。在经济生活中,每个交易者都有自己的权益,诚信是对双方合法权利的维护和尊重,对信用的破坏最终也会使自己的利益遭到损失。这就是西方人所说的"他骗了所有的人,最后他发现他被所有的人骗了"。

> **君子和而不同,小人同而不和。**
>
> ——孔　子

和谐犹如一支优美的乐曲,只有高低音符相和才能鸣奏出一曲动人心弦、委婉流畅的和谐旋律。人际和谐不是要求千篇一律,而是建立在承认个体差别和分歧的基础之上。"和而不同"理应是人际和谐的原本意义所在。

总之,人际和谐是不同个性的人们之间相互尊重、相互包容、相互帮助、团结一致、安定有序和共同发展的一种状态。在人际交往中,人与人之间在根本利益一致的条件下达到求同存异、和谐共赢是良好人际关系营造的重要条件。

（三）和谐人际关系的重要作用

人际关系的好坏反映了人们在相互交往中物质和精神的需要能否得到满足的一种心理状态。和谐的人际关系对人生发展具有重要的作用。人际和谐是每个人心理健康发展的需要。通过人际交往中所体现的人与人之间的关心、爱护、信任与友谊,能够使人的精神得到满足,从而促进人的心理健康;和谐的人际关系最大的功效在于能够培养人的积极向上的情绪和乐观开朗的生活态度;和谐的人际关系还有利于认识自我和完善自身,有利于增强自我的社会经验和知识,促进人们之间的信息交流和共享。

> 一个人的发展取决于和他直接或间接进行交流的其他一切人的发展。
>
> ——马克思

深度拓展

美国卡耐基教育基金会在对成功人士进行研究时发现,"和谐的人际关系是一种宝贵的财富","一个人成功15％要靠专业知识,85％要靠人际关系与处世技巧"。和谐的人际关系,对我们的生活、工作、学习的影响作用是显而易见的。

青年学生能正确处理人际关系,将会使自己的事业锦上添花。良好的人际关系还可以使你学到许多新知识。英国作家萧伯纳指出,良好的人际关系不但能交流信息,还能交流思想,如果你有一种思想,我有一种思想,彼此交换,我们每个人就有了两种思想,甚至更多。毫无疑问,更多的思想、宝贵的财富对于人生发展来说是不可或缺的条件。

小李通过公务员考试进入国家机关以后,拥有了一份令人羡慕的工作。但半年过去了,他发现单位的其他同事都不怎么和他交往,而且遇到什么事情的话,他们都愿意听从自己部门的老同志的意见,原本在单位大展宏图干一番事业的小李此时倍感困惑!为什么大家都不喜欢和自己交往呢?为什么自己的领导压根都不重视自己呢?为此,他经常表现出烦躁、郁闷的情绪,在工作上也慢慢表现出懈怠的情绪,而且还时不时发脾气,结果,小李和其他同事以及领导的关系越来越紧张,最后,小李从人们艳羡的职位上辞职了。

? 议一议

说一说,小李的问题出在哪里?这个问题怎么解决?

⚙ 深度拓展

正确处理人际关系是构建社会主义和谐社会的题中之意。胡锦涛在党的十七大报告中指出,我们所要建设的社会主义和谐社会,应该是民主法治、公平正义、诚信友爱、充满活力、安定有序、人与自然和谐相处的社会。这些基本特征是相互联系、相互作用的,其中的每一个方面都蕴含着和谐的人际关系的意义,特别是"诚信友爱"四个大字更直接地体现了全社会互帮互助、诚实守信,全体人民平等友爱、融洽相处的精神。建立与社会主义市场经济相适应、与社会主义法律规范相协调、与中华民族传统美德相承接的社会主义思想道德体系，要以诚实守信为重点。这是对多年来我国思想道德建设实践经验的科学总结，对建立社会主义的思想道德体系具有深远的指导意义。诚信是人类社会一切道德的基础和根本，是做人成事及经济生活中的一个基本道德规范。诚信是社会主义市场经济健康发展的前提和基础。从某种意义上讲，信用是市场经济的前提和基础，市场经济本身就是一种信用经济。如果破坏了信用关系，就会动摇市场经济的基础，带来经济和社会秩序的混乱，也会破坏人际和谐，形成一种人与人相互提防、相互欺诈的局面，形成人如虎狼那样一种混乱的社会状态，因此，市场经济越发达，就越要诚实守信。

四、人际和谐与快乐人生

人是集自然属性与社会属性于一体的高级动物，人们不但要爱护自己所生存的自然环境以维护人与自然的和谐，而且要爱护自己的人际交往环境以维护人际交往的和谐。对于我们每个人来讲，和谐的人际关系既是必要的，又是依靠自觉的意识营造的。对于我们青年学生来讲，和谐共赢的人际关系也是我们打开人生交往之门的"敲门砖"。树立正确而积极的交往态度，学会与人和谐交往，这样我们才能够建立纯洁而深厚的友谊，创造快乐的人生。

（一）营造和谐人际关系的必要条件

构建内涵丰富的和谐社会，关键是人，关键在人，人际关系的和谐是最基本的和谐。那么我们如何才能营造和谐的人际关系呢？

1. 树立积极主动的交往态度

在新的环境与人交往时，积极主动很重要。你不主动与别人交往，别人也不希望与你交往。主动交往，就是自觉投入到社会生活中去，主动扩大自己的交往范围和社会关系,进而建立积极的人际关系。主动投入真诚友好的感情,是打开交往之门的第一把钥匙。

2. 坚持平等友好的交往原则

无论在哪个领域,每个人都希望得到别人的尊重。但要想得到别人的尊重,首先要尊重别人。俗话说,你敬人一尺,人敬你一丈。在交往过程中要保持一个平等友好的心态。如果你趾高气扬、目空一切、居高临下,就很难形成平等、和谐的人际关系。

3. 学会做一个倾听者

倾听是一种沟通,也是一种艺术。对于遭遇心理问题的人们来说,倾诉无疑是一剂良方。现实生活中,谁都难免遇到别人向自己倾诉的情况。遭遇倾诉其实是一件很幸运的事情,这说明对方把你当做可以敞开心扉的人,通过倾诉,让他人时刻感受到你的关怀与理解,彼此之间就可以加深了解,关系会变得更融洽亲密。

4. 正确处理"舍"与"得"的关系

有"舍"才有"得",欲"得"必先"舍"。人际交往应当是互利双赢的过程。你给人以真诚的微笑,人报你以灿烂的笑脸;你给人尊重,人还你以热诚;你给人以白云,人赐你以雨露;你伸出合作的双手,赢得的必然是热情的拥抱。如果在情感方面与人格格不入,在利益方面与人斤斤计较,那么就很难融入集体、社会的大家庭。

案例链接

清朝康熙年间有个大学士名叫张英。有一天张英收到家中来信,说为了争三尺宽的宅基地,家人与邻居发生纠纷,要他用职权疏通关系,打赢这场官司。张英阅读信后坦然一笑,挥笔写了一封信,并附诗一首:"千里修书只为墙,让他三尺何妨? 万里长城今犹在,不见当年秦始皇。"家人接信后,让出三尺宅基地,邻居见了,也主动相让,结果成了六尺巷。这个化干戈为玉帛的故事流传至今。

❓ 议一议

这个故事很动人,请问,你是怎样处理"舍"与"得"的关系的?

人与人之间正常友好的交往是维持人际关系和谐的一个必不可少的条件。心理学家丁瓒教授曾指出:"人类的心理适应,最主要的就是对于人际关系的适应。所以人类的心理病态,主要是由于这人际关系的失调而来。"心理健康的学生乐于与他人交往,能与人相处,能接受和给予爱与友谊,具有良好的人际关系;能同心协力,与人团结合作并乐于助人;能将个人融入集体之中,与集体保持协调的关系。如果长期将自己与他人孤立开来,不与人交往,或者对周围的人保持一种戒备心理,对人冷漠,不相信他人,甚至对人怀有敌意,或者是与集体格格不入,从不关心集体,心中只有自己,这些都是不健康的心理表现。

(二)快乐人生的真谛

"君子之交淡如水,小人之交甘若醴。"朋友就是自己的影子,多交"诤友"、"益友",切忌交"狐朋狗友"、"酒肉朋友"。友谊应该建立在充分信任和平等之上,猜疑与自私是友谊之大忌。朋友相交贵在真诚。缔造快乐人生需要真正的友谊,而要拥有真正的友谊就要善于区别"益友"与"损友"。

> 人的生活离不开友谊,但要获得真正的友谊并不容易,它需要用忠诚去播种,用热情去浇灌,用原则去培养。
>
> ——奥斯特洛夫斯基

益友,就是一剂良药,能为朋友起到药到病除的作用。益友无法给予你财富,但是可以给你思想的启迪;益友不能陪伴你生活,但有时会成为你前行路途上划破夜空的航灯。与益友相处,如入芝兰之室尽享芬芳,受此熏陶,我们也有可能在完善自己的同时,成为别人的益友。损友,就是一服麻药,能使朋友云里雾里、陶醉不醒,失去基本的辨识能力。损友,就是一支罂粟,是浸入朋友心灵的慢性毒药,那离灾难也不远了。损友给人们的工作、生活、经济、感情等方面带来损失是毋庸置疑的。之所以在损后面还带着友,那是因为开始的交往一下子未曾认识,或者因为熟悉了碍于情面而未绝交。与损友的交往轻者浪费时间和金钱,重者会带来事业和情感的损害。

和谐的人际关系的培养还需要在交往中把握一定的尺度。作为青年学生,必须把握好友情与爱情的关系和界限。良好的人际交往会扩大青年学生的交际范围,提高青年学生的社会生存能力。男女同学在坚持合理交往的原则的前提下,能够克服青年男女的心理狭隘和局限,丰富自我个性,提高性别角色意识和审美情趣,为以后的职业生活打下良好的基础。

第二节　发展变化与顺境逆境

案例链接

刻 舟 求 剑

楚人有涉江者,其剑自舟中坠于水。遽契其舟,曰:"是吾剑之所从坠。"舟止,从其所契者入水求之。舟已行矣,而剑不行。求剑若此,不亦惑乎!

?　议一议

为什么楚人没有找到剑?

一、用发展的观点看待人生过程

（一）整个世界是一个无限变化和永恒发展的过程

唯物辩证法不仅是关于世界普遍联系的科学,也是关于世界运动、变化、发展的科学。正是由于事物之间的普遍联系和相互作用,才构成了事物的运动,引起了事物的变化,推动着事物的发展。

世界上任何事物都处于永不停息的运动变化发展之中。我们必须学会用发展的眼光看问题,才能把事物认识清楚,把问题解决好。

地球经历了天文演化和地质演化的阶段,形成了生命起源和演化条件。生命的起源和演化又经历了从化学进化到生物学进化的上升过程,最后产生了人类。人类的出现,是自然界的一次巨大飞跃。人类的进化大体经历了早期猿人、晚期猿人、早期智人、晚期智人四个阶段,才逐渐演变为今天这种体质的人类。

?　议一议

从生命产生到人类的出现,经历了一个怎样的过程? 说明了什么? 你认为人类的体质还会发展吗?

发展不是同一事物的简单重复和反复循环,更不是倒退和下降的变化,而是事物的前进和上升的变化,是事物由低级到高级、从简单到复杂的变化。所以,发展的实质就是新事物不断产生,旧事物不断灭亡,新事物取代旧事物。

要把握好发展的概念,首先有必要弄清楚发展和运动、变化的区别。运动作为物质的固有属性是指事物的一般变化和过程,标志着事物变动不定的动态过程。变化则主要指运动的一般内容,即事物所发生的改变,包括事物性质、数量、结构、形态上的改变。而发展是在运动、变化的基础上进一步揭示事物运动、变化的整体趋势和方向性的范畴。只有上升的、前进的运动才是发展,任何倒退的、下降的、反复循环的运动都不是发展。

案例链接

三国时期,孙权手下有位名将叫吕蒙。他身居要职,但是学识浅薄。有一天,孙权劝吕蒙说:"你现在身负重任,要好好读书,增长见识。"听了孙权的劝告,吕蒙发奋读书,进步很快。一次,吕蒙和鲁肃谈论政事,鲁肃发现难不住吕蒙,他的学识很广,再不是当年的吕蒙了。吕蒙笑着说:"士别三日,当刮目相看。"

其次,正确区分新事物和旧事物。判断新旧事物,不能以事物出现的先后、事物一时表面的强弱以及自我宣称吹嘘为标准。所谓新事物,是指符合客观发展规律,代表事物发展的方向,具有强大生命力和远大发展前途的东西。那些同客观规律背道而驰,正在日趋灭亡的东西,则是旧事物。识别新旧事物,要以具体时间、地点、条件为转移,用实践的、发展的观点看问题,看到新事物具有强大的生命力。

议一议

"沉舟侧畔千帆过,病树前头万木春","芳林新叶催陈叶,流水前波让后波",这两句诗包含了什么哲学道理?

最后,坚持科学发展。党的十六届三中全会提出了"坚持以人为本,树立全面、协调、可持续的发展观,促进经济社会和人的全面发展",按照"统筹城乡发展、统筹区域发展、统筹经济社会发展、统筹人与自然和谐发展、统筹国内发展和对外开放"的要求推进各项事业的改革和发展的科学发展观。

21世纪,中国的发展进程不可避免地遭遇到6大基本挑战:① 人口三大高峰(即人口总量高峰、就业人口总量高峰、老龄人口总量高峰)相继来临的压力,② 能源和自然资源的超常规利用,③ 加速整体生态环境"倒U型曲线"的右侧逆转,④ 实施城市化战略的巨大压力,⑤ 缩小区域间发展差距并逐步解决三农问题,⑥ 国家可持续发展的能力建设和国际竞争力的培育。上述这些成为严重制约中国未来发展的瓶颈,只能在科学发展观的统筹下,得到真正有效的克服。

全球所面临的"可持续发展"宏大命题,从根本上体现了人与自然之间、人与人之间关系的总协调。有效协同"人与自然"的关系,是保障可持续发展的基础;而正确处理"人与人"之间的关系,则是实现可持续发展的核心。

中国人民在中国共产党的领导下,经过艰苦卓绝的斗争,终于建立了社会主义新中国。其间,我们有过成功的喜悦,也经历过失败的痛苦,但是没有什么能够阻碍前进的步伐。经过多次的反复和曲折,中国人民终于站起来了!

(二)事物的发展是波浪式的前进和螺旋式的上升,即在前进中有曲折,在曲折中有前进,任何事物的发展都是前进性与曲折性的统一

> 发展是按所谓螺旋式而不是按直线式进行的。
>
> ——列　宁

事物发展的道路是曲折的,不可能直线发展。新事物在旧事物的基

础上发展起来,它既要同旧事物开展斗争,又要从旧事物中吸取有利于自身发展的东西,而旧事物总是要限制、阻碍新事物的成长。因此,新事物总是要和旧事物经过一番较量才能取得发展,就像大江大河的前进总是一波一波的向前推进,而这个道路是曲折的。

新事物在萌发、成长的初期,还是比较弱小和不完善的。它的成长壮大,必须经历一个从弱小到强大、从不完善到比较完善的发展过程。它的优越性和强大的生命力,也必须经历一个逐步发挥和显示的过程。在这些过程中,遇到相当大的力量的旧事物的抵抗,就会出现曲折。

旧事物在一定时期里还有相当大的力量,旧事物不会心甘情愿地被新事物所代替。旧事物总是竭力阻挠和扼杀新事物的成长壮大,同时,还有来自保守的习惯势力的抵制。这就大大增加了新事物成长发展的困难,造成新事物成长发展的曲折。

在社会领域里,新事物出现之后,还要经过被人们认识、理解、接受和支持的过程。当人们没有认识、理解、接受和支持新事物的时候,新事物的成长和发展,就会遇到困难,经历曲折的道路。

❓ 议一议

列举学习和生活中的事例,说明任何事物的发展都不是直线前进的,而是波浪式的向前运动。

由于事物在前进的道路上具有曲折性,不可能一帆风顺地朝着理想的方向去发展,所以青年学生要以积极乐观的心态面对成长道路上的逆境与挫折,不怕艰难险阻,坚信总有一天会到达理想的彼岸。

二、人生发展道路上的两种境遇

在人生发展的道路上,难免会遇到顺境和逆境两种环境。

（一）顺境,就是良好的境遇,有助于人的成长

从人的身心发展来看,一方面科学的营养供给、健全的公共卫生体系,比起匮乏的物质保障,欠缺的公共卫生服务,更有利于人的生理成长。另一方面,顺境更有利于人心智的成长,顺境提供给我们鼓励性的教育氛围,更有利于认知的系统发展。在顺境当中,我们更可以体会到家庭的温暖、社会的关爱、友情的可贵,从而拥有宽容开放、健康的心态。

从人的社会化进程来看,一方面顺境更有利于满足人生各阶段的成长需求,当我们还是孩童的时候,顺境中家庭的关爱让我们具有自信心和自主意识;青少年的时候,顺境中良好的教育,可以使我们学业有成,谋生有道;当我们到了成年乃至老年的时候,顺境使人在自我肯定中,获得终生成长的动力。另一方面,顺境有利于人社会角色的成熟,因为人的成长总是以其独立担当恰当的社会角色为标志的。此外,顺境中持续的社会发展、健全的制度安排、和谐的日常生活,为人的社会角色成熟提供了更良性的空间。

案例链接

爱迪生 12 岁的时候,因为喜欢"鼓捣"科学小把戏,被校长误认为贪玩而被开除学籍。这使爱迪生幼小的心灵受到了很大的打击。然而,她的母亲最了解自己儿子的兴趣,她不认为儿子的兴趣是不务正业。她为儿子创立了良好的条件,给爱迪生开辟了实验室,支持孩子的小科学实验,从而使爱迪生的发明智力得到了充分的发展,终于发明了白炽电灯泡、电报机、留声机等,并发现了热电子发射现象。

（二）逆境,就是不顺利的境遇

逆境常常是由社会客观条件、人才自身条件、人才在其成长中所处的

地位等共同决定的。家庭出身贫寒,生存条件恶劣,是父辈的社会地位造成的,不可更改;天灾人祸,突如其来,令人束手无策,发生时非人力可抗拒;重大疾病、意外伤残、先天不足、生理缺陷,是人生的一种不幸;人微言轻,怀才不遇,只能默等时机;初来乍到,环境不利,人际生疏,工作尚不能打开局面,只能从头做起……各种险、灾、穷、困、厄造成的逆境,绝非人的意志可以使之转移,有时人们确实无法选择自己的地位处境,这正是人在客观世界中受动性的体现。

三、我们应该以积极的心态对待挫折和逆境

在等待和忍耐中转逆为顺。人生不可能一帆风顺,在逆境中只要坦然自处,奋发有为,就有可能在时机成熟时,化不利为有利,成其大才。

以乐观心态超越逆境。乐观的心态来自对学习和生活的追求所产生的快乐,这种快乐不为任何逆境所压制。只有这样,我们才有动力充实自己,等到逆境消除之日,就有机会向成功迈进。

积蓄力量,待机突围。面对逆境,我们要积极采取措施充实自己,提高自己的技能,训练自己的思维。只有自己成长了,才能真正战胜困难,走出逆境。

案例链接

贝多芬 1770 年 12 月 16 日出生于莱茵河畔的一座小城。他的家庭是个音乐世家。祖父是宫廷乐团的乐长,父亲是一个宫廷男高音歌手,母亲是个女佣。贝多芬自幼便显露出他的音乐天赋,8 岁时他已开始在音乐会上表演并尝试作曲。但是在 1802 年的时候贝多芬逐渐丧失了听力,当真切地感觉到自己的耳朵越来越聋时,他几乎绝望了。对一个音乐家来说,没有比听不见声音更不幸的事情了。但是贝多芬没有气馁,他以顽强的毅力、坚韧

不拔的精神战胜了困难,写出了闻名世界的《命运》交响曲。

第三节　矛盾观点与人生动力

一、矛盾的同一性和斗争性

(一)矛盾、同一性、斗争性

唯物辩证法中所讲的矛盾,是指反映事物内部两个部分之间以及事物之间既相互联系、相互吸引、相互结合、相互依存、相互转化,又相互排斥、相互对立、相互斗争的关系。简言之,矛盾即对立统一。

我们在生活中要善于区分辩证矛盾和逻辑矛盾。辩证矛盾是事物本身固有的矛盾,是实际生活过程中客观存在的矛盾,这种矛盾是无法排除的。这种矛盾反映到人们的思维中就形成了辩证法理论体系中的矛盾范畴。逻辑矛盾不同于辩证矛盾。逻辑矛盾是人们的思维过程不合逻辑,违反逻辑规则(即违反了思维规律)造成的,是思维中的自相矛盾。逻辑矛盾是应当排除的,不排除逻辑矛盾便没有正确的思维活动。

我们通常把矛盾对立的属性称为斗争性,把矛盾统一的属性称为同一性。斗争性和同一性是世界上一切事物、现象和过程内部都包含的相互联系、相互排斥的两个方面。矛盾的同一性和斗争性是辩证矛盾的两种基本属性。

矛盾的同一性是指矛盾着的对立面之间内在的、有机的、不可分割的联系,是体现对立面之间互相吸引的一种自相矛盾千年笑谈趋势。矛盾的同一性主要指以下两种情形:

(1)事物发展过程中矛盾的两个方面,在一定条件下互相依赖,组成一个统一体。在事物发展过程中矛盾着的两个方面,任何一方都不能孤立的存在和发展,任何一方都要以另一方的存在和发展作为自己存在和发展的前提,假如失去一方,另一方也就失去了存在和发展的条件。

(2)事物矛盾着的两个方面互相贯通,其间存在着由此达彼的桥梁。矛盾双方的互相贯通,是指矛盾双方存在着互相吸引的趋势,因而是相互包含的。矛盾双方的相互渗透和相互贯通,存在着由此达彼的桥梁,即在一定条件下能够相互转化。

在化合与分解的矛盾中,化合中有分解,分解中有化合;在生物的雄性和雌性的矛盾中,雄性中包含着雌性的因素,雌性中包含着雄性的因素。在社会生活中,敌中有我、我中有敌是常有的事。在认识过程中的感性认识和理性认识这对矛盾中,感性中有理性,理性中也有感性。所以,矛盾双方的互相渗透是非常明显的。

矛盾双方在一定条件下的相互转化也是客观世界的普遍现象,它存在于一切运动形式之中。"飘风不终朝,骤雨不终日",说的是自然现象的变化;"饥饿者思食,久卧者思起",说的是生物机体的活动。正确与错误、成功与失败、公有制和私有制、战争与和平等,说的是社会的运动;在思维领域中,真理和谬误也是可以互相转化的。另外,在数学中,加和减、乘和除、有限和无限、直线和曲线等也是可以互相转化的。这说明,矛盾的统一不是僵化的同一,而是灵活的同一。

❓ 议一议

结合自己的生活和学习实际,想一想"好"和"坏"在一定条件下的相互包含、相互转化。

斗争性是矛盾的又一基本属性,是指矛盾双方相互离异、相互排斥的性质和趋势。作为哲学范畴的斗争性包括自然界、社会、思维领域中一切形式的对立和排斥,不是狭义的政治斗争的概念,因此,矛盾的斗争性既包括社会生活中像战争双方那样你死我活的斗争、理论上的争辩、民主生活中的批评和自我批评，也包括像自然界作用和反作用、阴电和阳电、化合和分解、遗传和变异，还包括认识领域中的真理和谬误等这种互相反对、互相分化的趋势。哲学的斗争和政治的斗争固然有联系，但它包含着比政治斗争更为丰富的内容和形式。

> 所有的两极对立，总是决定于相互对立的两极的相互作用。这两极的分离和对立，只存在于它们的相互依存和相互联系之中，反过来说，它们的相互依存，只存在于它们的相互对立之中。
>
> ——恩格斯

（二）矛盾的同一性和斗争性的相互关系

同一性和斗争性是事物矛盾的两种基本属性，但两者又是相互联系不可分离的。离开斗争性即无同一性，离开同一性也无斗争性。失去其中任何一种属性，便不能构成为矛盾。

第一，同一性离不开斗争性，没有斗争性就没有同一性。对于任何现实的具体矛盾来说，都是包含着差别和对立的。就是说，它们的相互依存和相互贯通都是以互相排斥和互相否定为前提的。如果没有矛盾双方的互相排斥和互相否定，就谈不上它们的互相依存和互相贯通，它们互相依存的同一性也就消失了。

第二，斗争性离不开同一性，没有同一性就没有斗争性。矛盾双方的对立和排斥是存在于具体事物之中的，斗争是统一体内的斗争，所以，斗争又总是和同一相联系，为同一性所规定。如果是两个没有任何联系、毫不相干的东西，是谈不上互相排斥和互相否定的。

懂得了矛盾同一性和斗争性的互相联系和互相制约，就要在认识事物时做到在对立中把握同一，在同一中把握对立的道理。这是辩证思维的实质所在。如果离开斗争性把握同一性，就等于把矛盾的统一当做僵死的统一,把相对的同一绝对化;如果离开同一性把握斗争性,就等于把矛盾的对立当成相互隔绝,把现实的矛盾拆成彼此孤立没有联系的东西。

二、矛盾的普遍性和特殊性

(一)矛盾的普遍性

矛盾的普遍性是指矛盾是世界的普遍状态。它有两重含义:一是指矛盾存在于一切事物的发展过程中,即处处有矛盾或事事有矛盾;二是指每一事物的发展过程中存在着自始至终的矛盾运动,即时时有矛盾。这说明,世界上没有无矛盾的事物,也没有无矛盾的时候。旧的矛盾解决了,又会出现新的矛盾,开始新的矛盾运动。

深度拓展

关于矛盾的普遍性,东西方古代先贤都提出过很有见地的思想。古希腊的赫拉克里特说:"互相排斥的东西结合在一起,不同的音调造成最美的和谐,一切都是斗争产生的。"我国春秋时期道家学派代表人物老子在《道德经》中罗列了善恶、有无、难易、长短、高下、音声、前后、生死、动静、强弱、反正、美丑、攻守、治乱等一系列相反相成的范畴。我国宋代的程颐说:"万物莫不有对。"明朝思想家方以智在《东西均》中说:"虚实也,动静也,阴阳也,形气也,道器也,昼夜也,幽明也,生死也,尽天地古今皆二也。"古代辩证法关于矛盾普遍性的思想,是对于世界直观观察的产物,缺乏科学的根据。只有马克思主义哲学才准确、系统地揭示了矛盾的普遍性原理,认为矛盾是存在于客观世界和人类思维的一切领域之中的普遍现象。

承认矛盾的普遍性就要坚持矛盾分析的方法,承认矛盾,揭露矛盾,分析矛盾,并且用适当的方法去解决矛盾。不敢于正视矛盾就违背了实事求是的思想路线,错误地认识矛盾也找不到解决问题的正确方法。

案例链接

　　《论持久战》是毛泽东所作的一部驰名中外的军事著作,也是一部寓意深刻的哲学著作,是矛盾分析的典范之作。在《论持久战》中,毛泽东为驳斥抗日战争初期国内存在的"速胜论"和"亡国论",澄清混乱思想,回答了中国人民普遍关心的抗日战争能不能取得胜利,怎样才能取得胜利的问题。毛泽东明确指出:"中日战争不是任何别的战争,乃是半殖民地半封建的中国和帝国主义的日本之间在二十世纪三十年代进行的、一场决死的战争。全部问题的根据就在这里。"这是对中日战争矛盾总体的分析。在此基础上,毛泽东进一步剖析了中日战争矛盾的各个方面。他说:"日本的长处是其战争力量之强,而其短处则在其战争本质的退步性、野蛮性,在其人力、物力之不足,在其国际形势之寡助。这些就是日本方面的特点。""中国的短处是战争力量之弱,而其长处则在其战争本质的进步性和正义性,在其是一个大国家,在其国际形势之多助。这些都是中国的特点。"正是根据对中日矛盾特点的正确分析,毛泽东得出了"抗日战争必然胜利,但又必须持久"的正确结论,制定了中国人民抗日战争的战略和策略,坚定了中国人民抗战的决心和信心。

议一议

　　现实生活中是否存在矛盾和问题? 你是怎样看待这些矛盾和问题的?

　　(二) 矛盾的特殊性

　　所谓的特殊性即是矛盾的个性,是指具体事物所包含的矛盾及每一矛盾的各个方面都各有其特点。我们分析任何事物,既要分析它的矛盾普遍性,也要分析决定其特殊本质的特殊矛盾。

矛盾特殊性包含着极为丰富的内容,主要表现在以下三个方面。

(1) 矛盾性质的特殊性。每一事物所包含的矛盾都有其特殊性,都有区别于他事物的特殊本质。

(2) 矛盾地位的不平衡性。复杂的事物是由多种矛盾或多方面的对立统一构成的矛盾体系,在复杂的矛盾体系中,存在着主要矛盾和次要矛盾,而每一具体矛盾又包含着主要方面和次要方面。主要矛盾和次要矛盾以及矛盾的主要方面和次要方面在事物发展过程中的地位和作用不同,但又相互联系、相互影响、相互作用。

(3) 解决矛盾形式的多样性。解决矛盾的形式大致有以下几种:一是矛盾一方克服另一方,这是较为普遍、大量存在的形式;二是矛盾双方"同归于尽",为新的矛盾双方所代替;三是有些矛盾经过一系列的发展阶段,最后达到对立面的"融合",即融合成一个新的事物,使矛盾得到解决。

把握矛盾特殊性具有重要的意义,既然事物的特殊本质是由特殊矛盾决定的,那么,对于任何事物都必须采取具体问题具体分析的态度。具体问题具体分析是科学认识的基础,也是正确解决矛盾的前提。具体情况具体分析,是马克思主义的活的灵魂。所谓具体分析,就是分析矛盾的特殊性,只有分析矛盾的特殊性,才能把不同的事物区分开来,才能找到解决矛盾的方法。所谓量体裁衣、"对症下药"、一把钥匙开一把锁,说的就是这个意思。

案例链接

"量体裁衣"这一成语的由来,有不同的说法,其中有一说法来自清代书法家钱泳所著《覆园丛话》。在这本书中,记载了这样一个故事:北京城里有一个裁缝，手艺精湛，技艺高超。他替人裁衣服，不仅量高矮胖瘦，还注意人的社会地位、性格、年龄、相貌，甚至连何时中科举，都要细细询问。有人问他："你一个裁缝，做你的衣服就是了，还问这些干什么？"他说："少年中举，必是意气风发，走路定会挺胸凸肚，给这种人做衣服要前襟长后身短；而老年中举，则情况相异，这种人大多精神萎靡，走路弯腰驼背，给这种人做衣服，一定要前襟短后身长。凡此，体胖者，腰要宽；体瘦者，腰要窄；性急的，衣宜短；性慢的，衣宜长……"他的这一番道理，便被后人归纳为"量体裁衣"，用以比喻说话办事要实事求是，以求从实际出发，根据具体情况采取不同的处理方法。

议一议

想一想自己所学的专业有什么特点，说说怎样才能学好自己的专业。

把握矛盾的特殊性，还应当在分析事物矛盾问题时，既要坚持两点论，又要坚持重点论。坚持两点论就是在分析矛盾时，既要看到主要矛盾和矛盾的主要方面，又要看到非主要矛盾和矛盾的非主要方面。坚持重点论，就是要在分析复杂的事物发展过程时，要着重把握它的主要矛盾，在分析某一种矛盾时，要着重把握它的主要方面。辩证法的两点论是有重点的，两点论中内在包含着重点论，是有重点的两点；辩证法的重点论是以承认非重点为前提的，重点论中内在地包含着两点论。所以，唯物辩证法坚持两点论和重点论的统一。坚持这种统一，对于正确认识事物的性质把握事物的发展方向，对于正确认识国际国内形势，正确估计工作中的成绩与缺点，对于看问题、办事情既善于抓住重点，把握工作的中心任务，又善于统筹兼顾，都具有非常重要的现实意义。

坚持两点论和重点论的统一，就要反对形而上学的一点论和均衡论。一点论只看到矛盾的一种情况和一个方面，看不到矛盾的另一种情况和另一个方面,在实践中搞"单打一",不能全面地推进革命和建设事业的发展;均衡论则是把矛盾的两种情况和两个方面平均看待,在实践中不分主次,不分轻重缓急,眉毛胡子一把抓,无论干什么事情都平均使用力量,从而在实践中也不能够做好我们的工作。

深度拓展

　　社会的主要矛盾与党的中心任务是统一的,主要矛盾决定中心任务,有什么样的主要矛盾,就有什么样的中心任务,解决主要矛盾就是党的中心任务。邓小平把主要矛盾与中心任务连接在一起,他在1979年3月党的理论工作务虚会上讲话时指出:"什么是目前时期的主要矛盾,也就是目前时期全党和全国人民所必须解决的主要问题或中心任务,由于三中全会决定把工作重点转移到社会主义现代化建设方面来。实际上已经解决了。我们的生产力发展水平很低,远远不能满足人民和国家的需要,这就是我们目前时期的主要矛盾,解决这个主要矛盾就是我们的中心任务。"也就是说,在社会主义初级阶段,我国所要解决的主要矛盾,是人民日益增长的物质文化需要同落后的社会生产之间的矛盾。这个主要矛盾,贯穿我国社会主义初级阶段的整个过程和社会生活的各个方面,决定了我们的根本任务或中心任务,是解放和发展社会生产力。改革开放以来,我们坚持以经济建设为中心,极大地促进了生产力的发展,大大地提升了我国的综合国力,大大地提高了人民群众的生活水平,同时,我们也按照科学发展观的要求,统筹城乡发展、统筹区域发展、统筹经济社会发展、统筹人与自然和谐发展、统筹国内发展和对外开放,推进生产力和生产关系、经济基础和上层建筑相协调,推进经济建设、政治建设、文化建设、社会建设和生态文明建设的各个环节、各个方面相协调,实现了经济发展和社会全面进步,凸显了科学发展观坚持两点论和重点论辩证统一观点的范导作用。

三、矛盾是人生发展的动力

唯物辩证法认为,矛盾是事物发展的源泉和动力。发展就是对立面的同一和斗争,是事物内因和外因相互作用的过程。

> **矛盾着的对立面又同一,又斗争,由此推动事物的运动和变化。**
>
> ——毛泽东

（一）对立面的同一和斗争推动事物的发展

任何事物的发展都根源于事物自身对立面的同一和斗争。一切矛盾着的对立面,既相互依赖又相互排斥,既相互同一又相互斗争,使双方力量处在此消彼长的不断变化之中。一旦双方的力量对比发生了根本变化,双方地位便会发生相互转化,于是新矛盾取代旧矛盾,新事物取代旧事物。这就是事物发展的实在过程。同一性和斗争性在事物发展过程中都起着不可替代的作用。

1. 矛盾同一性在事物发展中的重要作用

总的来说,同一性在事物发展中的作用,就在于它使事物处于相对稳定的状态,从而为矛盾双方的存在和发展,直至破坏旧的矛盾统一体、组成新的矛盾统一体提供条件。

矛盾双方联为一体,互为存在和发展的条件。矛盾双方的互相依存包括两个方面的内容:一是互为存在的条件,二是互为发展的条件。矛盾双方互为存在的条件是说,一方的存在以另一方的存在为条件,这是任何确定的矛盾得以存在的前提。矛盾双方互为发展的条件是说,对立一方的发展要以另一方的发展为条件。

矛盾双方互相利用和互相吸取有利于自身得到发展。在一切矛盾中，对立双方总是包含着可以彼此利用的共同因素。这种情形，不仅对于自然界和社会生活中双方不存在根本利益冲突的一类事物矛盾来说是十分明显的，而且对于那些对立面之间存在根本利益冲突的事物也是常见的。

在植物和食草动物的矛盾中，植物通过光合作用吸取二氧化碳，放出氧气；动物则吸取氧气，呼出二氧化碳，从而使各自得到发展。在无产阶级和资产阶级的矛盾中，资产阶级在发展生产力和科学文化方面所取得的成果，就是无产阶级发展自身所需要的有利因素。另外，矛盾一方各个组成因素发展的不平衡也可以为另一方所利用。反动势力各个集团之间的矛盾可以为革命势力所利用以发展自己；各种错误思潮之间的矛盾也可以为正确的学说所利用。所谓"利用矛盾，分化瓦解，各个击破"说的就是这个意思。

议一议

根据上述原理谈谈怎样正确看待社会主义的中国同西方资本主义国家的关系。

矛盾双方互相贯通规定着事物发展的基本趋势。发展是一事物转化为另一事物，但这种转化不是任意的，而是有规律地向着自己对立面的转化，是转化为自己的他物。所谓"自己的对立面"就是本来和自己互相依存着的那个方面。

2. 矛盾斗争性在事物发展中的重要作用

无论什么事物的运动都采取两种状态，相对静止的状态和显著变动的状态。事物运动的相对静止状态即量变状态，事物运动的显著变动状态即质变状态。两种状态的运动都是由事物内部包含的两个矛盾着的因素互相斗争所引起的。

在事物量变过程中，斗争推动矛盾双方的力量对比和相互关系发生变化，为质变做准备。斗争就是矛盾双方的互相排斥、互相反对、互相限制，这必然造成矛盾双方力量的不平衡，这种不平衡达到一定程度，就会使矛盾双方力量的对比发生根本变化，这就为事物的质变准备了条件。

在事物质变过程中，斗争性的作用更加明显。当矛盾双方力量的发展在斗争中沿着各自的方向达到它的极限，矛盾主要方面和次要方面的力量对比发生根本变化时，只有通过矛盾斗争并把这种斗争贯彻到底，才能使事物的发展突破原有的度，才能使旧的矛盾统一体解体，新的矛盾统一体产生，使一事物变为他事物。

深度拓展

在社会实践中，对于矛盾斗争性在事物发展中的作用要有一个全面的认识。这里，有以下几个问题应当注意：

（1）辩证法肯定矛盾斗争性在事物发展中的重要作用，却不认为斗争本身就是发展。斗争和发展不是一个概念，斗争只是事物发展的推动力量，而发展则是事物运动变化的基本趋势，它不仅表现为新质要素的量的积累，而且表现为事物的质的飞跃。

（2）辩证法肯定矛盾的斗争性可以推动事物的发展，却不认为一切斗争都能推动事物的发展。只有新事物反对旧事物的斗争才是事物发展的推动力量，旧事物反对新事物的斗争只能阻碍事物的发展。

（3）即使是新事物反对旧事物的斗争，也不是一切斗争都能推动事物的发展，不是一切对于斗争的限制都是对事物发展的限制。事实上，矛盾的斗争采取什么形式，达到什么规模，受到许多因素的制约，最重要的是受到同一性的制约。

同一性对斗争性的制约表现为两个方面：一是同一性制约着斗争的形式。具体的同一性不同，矛盾的性质就不同，因而斗争的具体形式就不同。二是同一性制约着斗争的界限。任何一种斗争都有界限。同一性对斗争界限的制约性在于，彼方有利于此方发展的因素就应是此方斗争的界限；即使对于彼方限制此方发展的消极因素，也要以化消极因素为积极因素作为此方斗争的界限；事物在有其存在理由的时候，斗争不能任意破坏它的存在。这时候，保持矛盾双方互相依存的同一性使矛盾统一体不至于破裂，这就是斗争的界限。

总之，我们既坚持肯定矛盾斗争性在事物发展中的重要作用，又要求注意选择最适合于矛盾性质和条件的斗争形式，注意掌握最适合于新事物发展的斗争界限。这就是所谓掌握斗争艺术的问题。

矛盾对事物发展的推动作用，只有在同一性和斗争性的紧密结合中才能实现。否认矛盾的同一性或否认矛盾斗争性在事物发展中的作用，不仅在理论上是错误的，而且在实践中也是有害的。

（二）内因和外因在事物发展中的作用

辩证法把运动看做事物的自己运动，认为事物的运动、变化和发展主要是由事物的内部矛盾引起的，同时也受到外部矛盾的影响。就整个世界而论，一切矛盾都是内部矛盾，世界之外的矛盾是没有的。但从某一具体事物来看，又有内部矛盾和外部矛盾之分。某一事物自身所包含的诸要素之间的对立统一是内部矛盾；此一事物和其他事物的对立统一是外部矛盾。矛盾是事物变化的原因，内部矛盾是事物变化的内因，外部矛盾是事物变化的外因。

内因和外因在事物发展过程中都起着不可替代的作用，事物的运动变化和发展是其内因和外因共同作用的结果。然而，内因和外因在事物发展过程中的地位和作用是不同的。外因是变化的条件，内因是变化的根据,外因通过内因而起作用。

(1) 内因是事物变化发展的根据和第一位的原因。这是因为,内因是事物存在的深刻基础,事物根本矛盾(内因)的消失,就是这一事物的解体;内因是一事物区别于他事物的内在本质或根据,人们在认识过程中,只有把握其内部的根本矛盾,才能把此事物和他事物区别开来;内因是事物自己运动的源泉,一切事物的运动主要是由其内部矛盾引起的,同时,内因还规定着事物变化发展的基本方向。

(2) 外因是事物存在和发展的必要条件。事物的存在都不是孤立的,而是相互联系、相互影响、相互作用的,外部条件不同,又会影响事物的性质和发展状态。

(3) 外因通过内因而起作用。外因可以加强事物内部矛盾的一个方面,相应地削弱另一个方面,从而影响事物发展的进程。但不管外因的作用有多大,都必须通过内因而起作用。

案例链接

1960 年,中苏对抗升级,赫鲁晓夫曾微笑着对世界说:"离开苏联的帮助,中国的原子弹响不了。"毛泽东也嘲笑说:"中国的原子弹响了,要奖给赫鲁晓夫一吨重的奖章。"1964 年 10 月 15 日,即赫鲁晓夫下台的前一天,中国成功地爆炸了第一颗原子弹。中国制造原子弹,苏联是外因,我们自己才是内因。赫鲁晓夫片面地夸大了外因的作用,否定了事物变化发展的根本原因是事物内部的矛盾。

议一议

根据上述事例,请谈一谈怎样才能实现中华民族的伟大复兴。

深度拓展

　　形而上学把内因和外因割裂开来,从两个极端歪曲两者之间的辩证关系。一种是只看到外因的作用,否认内因的作用,认为事物的发展主要的是靠外因的推动,这是"外因论"。在发展观的问题上,形而上学大多都采取这种观点。另一种是只看到内因的作用,否认外因的作用,这种观点否定了事物之间的普遍联系以及这种联系对事物发展的影响,同样是片面的,因而也不能正确地说明事物的运动、变化和发展的实际过程。

　　内因和外因辩证关系的原理是我们党的独立自主、自力更生方针以及建立在独立自主基础上实行对外开放政策的重要理论依据。独立自主、自力更生的方针体现了内因是事物存在和发展的根据或根本原因的观点。坚持独立自主、自力更生,就应当在革命和建设的过程中把立足点放在依靠自己力量,充分发挥我国人民积极性、创造性的基础之上,同时,也不要忽视外因的作用,积极地实行对外开放政策,学习和引进国外先进的科学技术和科学管理经验,从而加强我国自力更生的能力,加速社会主义现代化建设的步伐,因此,我们必须反对把坚持独立自主、自力更生和实行对外开放政策对立起来的形而上学观点,反对崇洋媚外的做法和盲目排外的态度。

　　人生发展也是一个充满矛盾的过程,需要不断地去想办法解决,然后在解决问题的过程当中得到领悟,从而提高自身的修养,促进人生发展。为达此目的,就要内外兼修,正确处理人生发展过程中内因和外因的制约关系。

四、内外兼修促进人生发展

（一）人生矛盾及其表现

人生矛盾就是人生发展过程中的对立统一。从总体上说,人生历程中要遇到的矛盾分为三种基本类型,即人与自然的矛盾、人与社会的矛盾、人与人的矛盾。在改造自然、改造社会、改造自身的过程中,这三种类型的矛盾又具体表现为生与死、苦与甜、爱与恨、真与假、善与恶、美与丑、健康与疾病、欢乐与悲伤、幸福与痛苦、能力与现实等诸多方面的对立和统一。人生就是一个在矛盾中追求、在矛盾中拼搏、在矛盾中创造价值的过程。

作为当代的青年学生,在我们人生成长的各个阶段都会在生活中、学习中、交往中遇到各式各样的矛盾。我们的身心正是在克服了一个又一个矛盾之后得到了极大的提升和发展。我们在现今的学习阶段也会遇到诸如同学矛盾、师生矛盾、亲情与学业的矛盾、能力与现实的矛盾、学习与择业的矛盾等。毕业以后我们也会面临择业与创业的矛盾,理想与现实的矛盾,工作中成与败的矛盾,人际关系中和谐与冲突的矛盾,生活中恋爱、婚姻、家庭的矛盾等。对此,我们一定要做好充分的思想准备。

（二）对待人生矛盾的态度

对待人生中的各种矛盾,历来有不同的人生态度。积极的人生态度是正视生活中的矛盾,从事物的对立统一关系中把握事物的本质,全面认识和协调处理矛盾的不同方面,积极化解矛盾,消除对立,在解决矛盾中推动人生发展。而消极的态度是害怕矛盾,掩盖矛盾,表现为两种极端相反的倾向:一种是认识和处理问题时简单化和偏激化,排斥异己,激化矛盾;另一种是回避矛盾,把一切归结于命运,消极地听从命运的安排。

持积极人生态度的人有理想、有抱负,能以国家、民族、人民的利益为重,以振兴中华为己任。他们把时间与精力主要用在掌握现代科学文化知识,把困难、挫折、逆境当做磨练意志的动力和事业成功的风帆,竭尽自己的聪明才智,为建设社会主义强国而无私奉献。持消极人生态度的人,他们或者视人生为痛苦,因而悲观厌世,消极无为,或者一事当前,先为自己打算,为了一己私利,拉关系、走后门、假公济私、以权谋私、贪污受贿、徇私舞弊,甚至置国格、人格于不顾,出卖国家和民族利益,出卖肉体、灵魂等。

坚持对立统一的观点看问题,就要树立积极的人生态度,始终保持奋发向上的精神状态,通过不懈的努力,推动自我人生的发展。

案例链接

2005 年央视春节晚会上,由 21 位聋哑舞蹈演员表演的舞蹈《千手观音》,以震撼人心的魅力感动了全国观众。领舞的女孩儿叫邰丽华,中国残疾人艺术团舞蹈演员、中国特殊艺术委员会副主席。她幼时因高烧打针不幸药物中毒,失去听力。之后不久,她又失去了甜美的歌喉,从此陷入了无声世界。为此,父亲带她辗转武汉、上海、北京等地求医问药,但始终不见好转。眼看要到 7 岁了,父母只好将她送入市聋哑学校学习。15岁那年,她被中国残疾人艺术团挑中,开始了自己的舞蹈人生。然而,在刚刚进团的时候,她的舞蹈基本功是最差的,甚至连踢腿都不会,老师干脆将她一个人扔在了排练室里,拂袖而去。多少磨难,多少痛苦,然而,这一切都无法阻止她继续跳舞。她的身上因此也总是有着青一块、紫一块的伤痕。她怕母亲看见了心痛,即使炎炎夏天也总是捂着一条长裤。正是凭着这种执着,邰丽华在众多的舞者中脱颖而出,获得了一个又一个的舞蹈大奖。1994 年,她凭借自己的努力,如愿以偿地考取了湖北美术学院装潢设计系,成为一名大学生。

议一议

人生充满着矛盾。我们怎样以邰丽华为榜样,正确对待人生矛盾?

(三)内外兼修,方成栋梁

促进人的全面发展是马克思主义的重要内容,也是我们党为推进中国特色社会主义建设事业提出的一项基本要求。在我国新的历史时期,所谓人的全面发展就是要在大力发展生产力,努力实现人民群众共同富裕的基础上,全面提高人的素质,培养"有理想、有道德、有知识、有纪律"的社会主义新人。中职学生要成为"四有"新人,就应当充分发挥自己的主观能动性,内外兼修,成为祖国的栋梁之材。

深度拓展

"内外兼修"这个词,作为中国古代的哲学观,是指内修道,外修德。"道"即大道理、规律,"德"即按照合乎规律的大道理去做事。根据时代的发展,我们赋予"内外兼修"以更为广泛深刻的含义。"内"是指一个人的内在素质,包括他的学识、人生观、态度以及涵养等,这些都是内在的东西。学识越多,必然会为自己认识世界,提高实际操作技能奠定理论基础;人生观正确,必然会要求自己做一个对社会有贡献的人;态度积极,必然敢于面对一切困难,处事不乱,受到别人的尊敬。"外"是指一个人的外在表现,包括仪表整洁,落落大方,给人一种干净利落的感觉;谈吐得体,收放自如,成熟而稳重;做事认真负责,积极应对,让人觉得是可信赖之人;待人接物有礼有节,不卑不亢,宠辱不惊。

修内和修外是相辅相成、辩证统一的关系。修内就要努力学习科学文化知识,树立科学的世界观和人生观,端正自己的人生态度;修外就要正确处理人与自然、人与社会、人与人之间的关系,成熟稳重,谦虚谨慎,高调做事,低调做人。修内是基础,修外是条件,通过修内提高自己的内在素养,才能保证修外的正确方向,才能以符合规律的行动实现人与自然、人与社会、人与人的和谐,为社会主义现代化建设作出更大的贡献。通过修外可以加深对事物发展规律的认识,丰富自己的经验,锻炼自己的意志,提高自己的能力,修正自己的过失,从而巩固修内的成果。所以,正确处理修内和修外的关系,是唯物辩证法关于内因和外因辩证关系原理的实际运用,也是达到完美人生至高境界的正确途径。

案例链接

华罗庚,1910年生于江苏省金坛县一个小商人家庭。1925年,他初中毕业后就因家境贫困无法继续升学。1928年,18岁的他到金坛中学担任庶务员。不幸的是,他在这年患了伤寒症,卧床达五个月之久,致使左腿瘫痪。但他并不悲观、气馁,而是顽强地发奋自学。1930年,年仅20岁的华罗庚在上海《科学》杂志上发表了《苏家驹之代数的五次方程式解法不能成立的理由》的论文,受到时任清华大学数学系主任熊庆来的高度赞赏,邀请他来清华大学工作。1931年,华罗庚拖着残腿、拄着拐杖走进了清华园。起初,他在数学系当助理员,一边工作,一边自学。勤奋好学的华罗庚只用了一年时间,学完了大学数学系的全部课程,学问大有长进。两年后,华罗庚被破格提升为助教,继而升为讲师。后来,熊庆来又选送他去英国剑桥大学深造。面对博士学位的诱惑,华罗庚淡定地说:"我来剑桥是求学问的,不是为了学位。"在剑桥的两年中,他学术成果丰硕,得出了著名的"华氏定理",向全世界显示了中国数学家出众的智慧与能力。1938年,华罗庚回国,任西南联大教授,年仅28岁。

1946年,华罗庚应邀去美国讲学,被伊利诺大学高薪聘为终身教授,他的家属也随同到美国定居,有洋房和汽车,生活十分优裕。当时,不少人认为华罗庚是不会回来了。

新中国的诞生,牵动着热爱祖国的华罗庚的心。1950年,他毅然放弃在美国的优裕生活,回到了祖国,而且还给留美的中国学生写了一封公开信,动员大家回国参加社会主义建设,坦露出了一颗爱中华的赤子之心:"朋友们! 梁园虽好,非久居之乡。归去来兮……为了国家民族,我们应当回去……"从此,开始了他数学研究真正的黄金时期。他不但连续做出了令世界瞩目的突出成绩,同时满腔热情地关心、培养了一大批数学人才。为摘取数学王冠上的明珠,为应用数学研究、试验和推广,他倾注了大量心血。

议一议

华罗庚是中华民族的骄傲,我们应当怎样向华罗庚学习?

第三章

坚持实践与认识的统一，提高人发展的能力

第一节　知行统一与体验成功

案例链接

　　小高在中职学校读书的时候，曾利用假期在一家西餐厅打工，他发现在正餐之间的时间有很多人在店内消费时只点一杯饮料。受到启发的小高在毕业之后就租了一个临街的小铺面开起了台湾奶茶店，生意非常好，小高很快就累积了"第一桶金"。于是他决定用连锁加盟的方式扩大自己的业务，但是苦于没有这方面的专业知识，小高心里没有底。正在犹豫的他有一天看到新闻中说很多大学毕业生由于没有工作经验和一技之长，多数到职业学校"回回炉"。于是小高回到了自己的母校，学习市场营销专业知识。有了专业知识的指导，小高终于将自己的奶茶店开成了全城的连锁店。

议一议

　　小高从实践到认识再到实践的成功经历给了我们什么启示？

我们应当怎么理解"知行统一"？

一、在实践中提高人生发展能力

（一）实践是人们改造客观世界的物质性活动

它有两层基本的含义：其一，凡是实践，都是以人为主体、以客观事物为对象的物质性活动；其二，实践是一种直接现实性活动，它可以把人们头脑中的观念的存在变为现实的存在。

1. 实践的特征

1）实践具有客观物质性

实践的客观性表现在三个方面：① 构成实践的诸要素是客观的，实践的基本要素有：实践的主体、实践的对象和实践的手段；② 实践活动的广度、深度和发展过程都受客观条件的制约和客观规律的支配，具有客观性；③ 实践的结果也是客观的。

农民种田的对象是土地和农作物；煤矿工人的劳动对象是煤层；采矿工人的劳动对象是矿藏等，这些对象是自然物。小麦是面粉厂工人实践的对象；酒精是某些化工厂工人实践的对象；钢铁是机器制造厂工人实践的对象等，这些实践对象都是人工制成品，是实践的结果。

2）实践具有主观能动性

实践是一种有目的、有意识地改造客观世界的活动。在改造自然获取物质生活资料的实践中，人创造出自然中原来没有的新的物质生活；在改造社会的实践中，人创造出新的社会结构和社会关系。人们种田先有打算和安排；修铁路、造机器、盖房屋先有设计或图样；侦破案件先有个方案。实践给客观世界打上了深深的人的活动烙印。

3）实践具有社会历史性

实践不是单个人的孤立活动，而是改造自然获得物质生活，实践中的高速公路网处在一定社会关系中的人的活动，离开了他人和社会的纯粹的个人实践活动是根本不存在的。人的实践活动是历史地发展着的。在不同的历史发展阶段上，人类实践的内容、形式、规模和水平是各不相同的，都受到一定历史条件的制约，是一定历史条件的产物。

农民自己开荒种地，本身就是一种社会性活动，因为开荒种地使用的工具和经验知识都是从社会中获得的。在原始社会人们从事狩猎、捕鱼、采集等活动，使用的工具十分简陋，活动领域十分狭小。随着生产力的发展，到奴隶社会和封建社会，人们主要从事农业劳动，工具不断改进，活动领域也有了较大扩展。到了机器工业时代和现代社会，人们从事农业、工业、商业、服务业、信息业等各种活动，使用的工具十分精密复杂，活动范围极其宽广。

综上所述，实践是一个不断地由低级到高级、由简单到复杂的历史发展过程。由实践主体、实践对象、实践手段所构成的实践，是人们改造客观世界的一切活动。它是客观的物质性的活动，又是人的能动性的活动，这种活动是在一定社会关系中进行的，是历史地变化发展的。人们对客观事物的认识是一个辩证发展的过程，是由实践到认识，又由认识到实践不断反复、无限发展的过程。

2. 实践的形式

1）生产实践

生产实践是处理人和自然之间关系的活动，即物质生产活动。它是人类社会生存和发展的基础，是决定其他一切活动的最基本的实践活动。人们只有在改造自然、征服自然的活动中才能了解自然，把握自然的发展规律以及人和自然的关系，所以生产实践又是人类认识的基本来源。

2）社会实践

生产实践同时也了解人和人的关系。

社会实验是处理人与人之间社会关系的实践活动，即人类的社会交往以及组织、管理和变革社会关系的活动。如革命和改革、国家方针政策的制定、法律制度的建设和实施等。在阶级社会中，变革社会关系的实践主要表现为阶级斗争的实践。处理社会关系的客观活动总是制约人们的认识，并成为认识的一个重要来源。

3）科学实验

科学实验是科学工作者在科学理论的指导下，按照一定目的、运用特殊的设施和手段，去探索事物规律性的活动。它既包括改造自然的试验，也包括改造社会关系的试验。

总之，在现代实践活动中，科学实验与生产实践和变革社会关系的实践是相互联系、相互促进、共同发展的。

案例链接

莫泊桑在一部小说中需要细腻地描写一个被踢过的感觉，但他本人并没有这种体验，觉得实在是难以下笔。于是他信步走到大街上，迎面遇上一个乞丐，莫泊桑迎上前去，言辞恳切地说："喂，请踢我几脚吧?"那乞丐被说得莫名其妙，愣住了，以为他神经不正常。莫泊桑继续赔笑，又从口袋里掏出钱说："你踢，我给你钱。"那乞丐见钱一把抓了过去，伸脚猛踢了莫泊桑的屁股一下。莫泊桑忍痛揉着屁股，忙跑回屋子，飞快地记下了这一真实被踢的感受。

（二）实践对认识具有决定作用

1. **实践是认识的来源**

西红柿曾被视为有毒之果，并被取名为"狼桃"。直到 18 世纪末，法国的一名画家在冒险品尝"狼桃"之后，才揭开了西红柿的食用之谜。如果说第一个冒险品尝西红柿的人是幸运者，那么，因误食毒菇而付出生命代价的人就不那么幸运了。鲁迅把第一个吃螃蟹的人称为勇士，并说，螃蟹有人吃，蜘蛛一定也有人吃过，不过不好吃，所以后人就不吃了。

> **你要知道梨子的滋味，你就得变革梨子，亲口吃一吃。**
>
> ——毛泽东

1) 认识是适应实践的需要而产生的

人们的认识是对客观事物的反映，但是哪些事物成为人们认识的对象，则取决于人们社会实践的需要和水平。那些与人们的实践需要无关的事物，不会成为人们认识的对象。人类的认识活动，总是围绕着各个时代人们社会实践的需要进行的。在当代，生态环境遭到极大破坏，解决环境问题的迫切需要，促使人们研究环境污染和生态平衡问题，于是产生了环境科学。现代各种科学研究，其任务就都是为了满足某种不同社会实践的需要来确定的。

2) 只有在实践中人们才能认识事物的本质和规律

单凭直观的感觉，人们对事物也能有一定的认识，但只能使人接触事物的一些表面现象，不能揭示事物的本质和规律。只有在变革事物的实践中，使事物许多隐匿的现象暴露出来，人们才能通过分析大量的现象，揭示事物的本质和规律。"神农尝百草"的事实告诉我们只有通过实践"亲口尝一尝"，才能认识各种植物的药性。

我国古代思想家对实践是认识的来源已有一定程度的阐述。战国时期的荀子说："不登高山，不知天之高也；不临深溪，不知地之厚也。"明末清初的思想家王夫之提出"行先知后"，他以饮食为例，指出食物的味道只有"饮之食之"才能知晓。清初的颜元也十分强调"习行"在认识中的作用。他举例说，给病人治病，光是熟读医书是不行的，还必须亲自临床，"诊脉、制药、针灸、摩砭"，才能治病救人。

2. 实践是认识发展的动力

人类的认识总是由浅入深、由片面到全面、由低级到高级发展着，近现代科学兴起之后,认识呈加速发展的趋势。认识发展的根本动力是实践。

> 社会一旦有技术上的需要,这种需要就会比十所大学更能把科学推向前进。
>
> ——恩格斯

议一议

是什么力量推动了科学的发展?

变化发展着的实践不断给人们提出新的认识课题,推动人们去进行新的探索和研究。实践在给人们提出新课题的同时,也不断提供大量有关的经验材料以及新的认识工具,使人们能不断解决这些新的认识课题,推动认识不断向前发展。实践还改造了人的主观世界,锻炼和提高了人的认识能力。

譬如,人类和疾病作斗争的实践,不断给医学提出新的认识课题,同时不断提供大量临床经验供人们研究,还不断创造出各种医疗仪器和设备用于诊断和治疗,提高人们的认识能力,从而推动医学的不断发展。

3. **实践是检验认识是否正确的唯一标准**

案例链接

清朝年间,沧州南面,有座寺庙依河而立,寺门面坏了,两个石兽也一并埋入河中。10多年过去了,僧人们募捐重修寺庙,但在落水处打捞石兽,却总是找不到。

这时,有个当地秀才说:"石兽一定是被激流冲到下游去了,你们没见过山洪暴发时,河中乱石翻滚、泥沙俱下的情形吗?你们这样打捞石兽,岂不是刻舟求剑?"众人听后,恍然大悟,于是驾了几条小船,拖了铁耙沿着下游河道找了十几里,却不见石兽踪影。一位大学者正在附近讲学,听说这件事后便嘲笑道:"你们这些人好不通事,那么大的两个石兽怎么能与一般的小乱石相比呢?怎么可能被暴涨的河水卷走呢?石兽又重又硬,而沙性松散,石兽淹埋于沙中,只会越沉越深。你们顺流而下捞,岂不荒唐可笑?"此高论一出,众人佩服得五体投地。然而此论虽高,众人却并没有从河沙深处挖到石兽,打捞的结果仍是一场空。有位老河工听说这件事后,不由得大笑道:"凡河中失石,当求之于上流。因为大石坚硬沉重,河沙却很松浮,河水不但卷不走大石,其反冲力反而会将大石迎水面的沙子冲走了,形成一个大坑,大石就会翻倒在坑中。如此周而复始,大石便会不断向上游翻。"众人按照他所说的去打捞,果然在上游几里以外找到了石兽。

议一议

老河工是怎样进行逻辑推理的?他的推理为什么是正确的?为什么秀才和学者的逻辑推理都不成立呢?

在实践中产生和发展起来的认识正确与否,靠人的主观认识本身无法证明认识的对象也不会"自从其明",只有社会实践才是检验认识是否正确的唯一标准。因为正确认识就是同客观事物相符合的认识。检验认识是否正确,就是将主观认识同客观事物及其规律进行对照,看两者是否相符合。只有实践是主观见之于客观的活动,它一方面受主观认识的指导,联系着主观认识;另一方面它又改造和变革客观对象,联系着客观事物。这样,实践过程就成为主观认识同客观事物联系的桥梁,人们就能够把主观认识同客观事物加以比较,可以用实践的客观结果来检验认识是否符合客观实际。一般来说,以一种主观认识为指导在实践中改造客观事物,能够达到预期目的,那就证明这种认识是正确的,否则就是错误的。

> **精通的目的全在于应用。**
>
> ——毛泽东

案例链接

一位从国外学成归国的博士,毅然来到天山脚下的尼勒克草原。他从银行贷款买了奶牛,运用学到的试管冻精、胚胎移植等新技术进行实验,第二年,奶牛就产下了良种牛犊。他把这一养殖良种奶牛的技术传给了当地的牧民,实现了共同富裕。

4. 实践是认识的目的和归宿

认识从实践中来,最终还要回到实践中去。认识本身不是目的,改造世界才是认识的目的和归宿。如果有了正确的认识,却脱离实践,不为实践服务,那么这种认识就失去了它的实际意义。

> **古人学问无遗力,少壮功夫老始成。**
>
> **纸上得来终党浅,绝知此事要躬行。**
>
> ——陆　游

总之,实践是认识的来源,是认识发展的根本动力,是检验认识的唯一标准,是认识的目的。实践是认识的基础,实践对认识具有决定作用。

实践的观点是辩证唯物主义认识论首要的、基本的观点。

（三）认识对实践具有能动的反作用

辩证唯物主义认为，一方面实践决定认识，另一方面认识对实践又具有能动的反作用。这种反作用就是理论对实践的指导作用，具体表现在以下三个方面。

1. 实践目标的确立需要理论的指导

正确的理论揭示了事物的本质及其发展规律，能够把握事物的发展方向，预测事物的未来。因此，正确的理论能够帮助人们确立实践的目标。

2. 实践手段、方法的取舍，需要理论的指导

当实践的目标确定之后，还存在采取什么实践手段、运用什么方法的问题。这就需要运用理论对以往实践的经验进行分析、判断和选择，才能决定取舍。

人们常说"条条道路通罗马"，但我们只能走一条。所以，选择一条什么样的路非常重要，我们所要走的路，必须是一条适合自己的路。中国革命时期，以毛泽东为代表的中国共产党人，把马列主义的普遍真理与中国革命的实际相结合，总结了中国革命的经验教训，创立了具有中国特色的农村包围城市、武装夺取政权的革命理论。它深刻地揭示了中国革命发展的规律，为中国民主革命的胜利指明了一条正确的道路。

3. 实践结果的评判需要理论的指导

要准确评价实践结果，就要去粗取精，去伪存真，对实践做理论上的总结。离开了理论总结，就必然缺乏对实践的科学分析，也就无从总结教训、积累经验，更谈不上对以后实践的正确指导。人类实践的历史表明，用科学的理论指导实践就会取得成功或胜利，而用错误的理论指导实践必然导致挫折或失败。因此，我们要高举邓小平理论和"三个代表"重要思想的伟大旗帜，深入贯彻落实科学发展观，为全面建设小康社会而努力奋斗。

总之,实践需要理论的指导,没有正确理论的指导,实践的目标就很难把握,实践的方法和实践的手段就无法选择,实践的结果更不能得到公正的评判。因此,坚持理论对实践的指导,让我们在实践中少走弯路,不走弯路,尽早取得实践的成功。

实践出真知,只有积极参加社会实践才能获得真正的知识。但是对每个人来说,由于时间和精力有限,不可能也没有必要事事都去亲身实践,接受间接经验和学习书本知识也是获得知识的重要途径。在动物界,其生物的特性、生活经验和技能的传延,主要通过先天本能的遗传方式进行,很多东西在中途遗失。而人类在生产劳动的基础上形成了语言、文字等传播媒体,人类的劳动经验和技能、各种社会生活经验等可以通过语言、文字互相传递,并一代一代地流传下去,中途遗失较少。不断地接受间接经验和学习书本知识,使人类的发展远远超过了动物界。

因此,我们既要亲自参加社会实践,获得直接经验,又要重视间接经验的学习。

（四）真理面前人人平等

人的认识都是对客观对象的反映,其中与客观对象相符合的认识就是真理,不符合的认识则是谬误。

1. 真理的内涵

真理是标志主观同客观相符合的哲学范畴,是人们对客观事物及其规律的正确反映。真理最基本的属性是客观性。真理与谬误的界限不容混淆。

由于人们的立场、观点和方法不同,每个人的知识结构、认识能力和认识水平不同,对同一个确定的对象会产生多种不同的认识,但是,其中只能有一种正确的认识,即真理只有一个。真理面前人人平等。

真理都是有条件的。任何真理都有自己适用的条件和范围,如果超出了这个条件和范围,只要再多走一小步,哪怕是向同一方向迈出一小步,真理就会变成谬误。

真理都是具体的。任何真理都是相对于特定的过程来说的,都是主观与客观、理论与实践的具体历史的统一。如果我们不顾过程的推移,不随着历史条件的变化而丰富、发展和完善真理,只是照搬过去的认识,或者超越历史条件,把适用于一定条件下的科学认识不切实际地运用于另一条件之中,真理都会转化为谬误。

真理的条件性和具体性表明,真理和谬误往往是相伴而行的。在人们探索真理的过程中,错误是难免的。犯错误并不可怕,可怕的是不能正确对待错误。

2. 认识具有反复性

人类追求真理的过程并不是一帆风顺的。认识受到各种条件的限制。从认识的主体来看,人们对客观事物的认识总要受到具体的实践水平限制,还会受到不同的立场、观点、知识水平、思维能力、生理素质等条件的限制。从认识的客体来看,客观事物是复杂的、变化着的,其本质的暴露和展现也有一个过程。这就决定了人们对一个事物的正确认识往往要经过从实践到认识,再从认识到实践的多次反复才能完成。

3. 认识具有无限性

认识的对象是无限变化着的物质世界,作为认识主体的人类是世代延续的,作为认识基础的社会实践是不断发展的,因此,人类认识是无限发展的。追求真理是一个永无止境的过程。

认识运动的反复性和无限性,并不表明它是一种圆圈式的循环运动;相反,从实践到认识、从认识到实践的循环是一种波浪式的前进或螺旋式的上升。真理永远不会停止前进的步伐,它在发展中不断地超越自身。但是,那些经过实践反复检验的、已经确定的真理并没有被推翻,而是不断地向前发展。

> **实践、认识、再实践、再认识，这种形式，循环往复以至无穷，而实践和认识之每一循环的内容，都比较地进到了高一级的程度。**
>
> ——毛泽东

4. 追求真理的方法

与时俱进，开拓创新，在实践中认识和发现真理，在实践中检验和发展真理，是我们不懈的追求和永恒的使命。

参加社会实践与学习书本知识是密切联系在一起的。首先，参加社会实践是理解和接受书本知识的基础。其次，学习书本知识可以克服自身实践的局限性并指导自己的实践。我国古代有句名言：“读万卷书，行万里路。”用现在的观点看，就是既要学习书本知识，又要参加社会实践。如果只读书而不实践，就会成为死读书、读死书的书呆子；如果只实践而不读书，就只会有一些狭隘的经验，实践也只能处在很低的水平上。在当代，科学技术迅猛发展，青年学生只有既积极实践，又认真读书，才能不断提高自己的素质，成为一个合格的劳动者。

据医学史料记载，17世纪20年代英国有个医生给一位生命垂危的青年输羊血，奇迹般的挽救了该青年的生命。其他医生纷纷仿效，结果造成大量受血者死亡。输血医疗手段便被禁止使用。19世纪80年代，北美洲医生给一位濒临死亡的产妇输人血，产妇起死回生。医学界再次掀起输血医疗热，却带来惊人的死亡。直到1901年维也纳医生莱因茨坦发现了人的血型系统，才打开了科学输血的大门。

人生发展的各种能力不是先天形成的，而是在实践和认识循环往复的过程中不断锻炼提高的结果。

青年学生应当在实践与认识相互作用的统一过程中总结经验教训，体验成功快乐。

二、在知行统一中提高人生发展能力

人生活在世界上，只学习课本知识，或者只实践不思考都无法培养我们认识世界、改造世界，了解自己、发展自己的能力。所以我们要坚持认识与实践的统一，这要求我们在实践过程中将理论和实践相结合。

> 古人学问无遗力，少壮工夫老始成。纸上得来终觉浅，绝知此事要躬行。
>
> ——陆　游

（一）要从实际出发，坚持理论和实践相结合的原则

理性认识反映的是事物的本质和规律，是特殊性的东西，实践所要解决的问题则是个别的、具体的事情。一般与个别、理论与实际既有联系又有区别，必须从实际出发，把一般理论和具体实践结合起来，具体情况具体分析，而不能从理论原则出发，不顾实际情况地生搬硬套。成语中的"量体裁衣"和"按图索骥"，就是正反两方面的典型事例。

案例链接

春秋时期，秦国有个名叫孙阳的人，善于鉴别马的好坏，他把自己识马的经验写成书，名为《相马经》。这本书图文并茂地介绍了各类好马，所以人们把孙阳叫"伯乐"。孙阳的儿子熟读了这本书后，以为自己学到了父亲的本领，便拿着《相马经》去找好马。一天，他在路边看见一只癞蛤蟆，前额和《相马经》上好马的特征相符，就以为找到了一匹千里马，马上跑去告诉父亲：这"和你书上画的好马差不多，只是蹄子不像"。孙阳听后，哭笑不得，只好回答说："这马太爱跳了，不好驾驭。"

越国没有车，越人也一直都不懂得该如何造车。他们很希望学会造车

的技术，好将车用在战场上，增强本国的军事力量。有一次，一个越人到晋国去游玩，在晋国和楚国的交界处，发现了一样东西。"咦，这不是一辆车吗?"这个越人马上联想起在晋国见过的车。这东西确实是辆车，不过毁坏得很厉害，所以才被人弃置在这里。车的辐条已经腐朽，轮子毁坏，也折断了，车辕也毁了，上上下下没有一处完好的地方。但这个越人对车本来看得不真切，又一心想为没有车的越国立一大功，就想办法把破车运了回去。回到越国，这个越人便到处夸耀："去我家看车吧，我弄到一辆车!"大家都想一睹为快，于是，到他家看车的人络绎不绝。几乎每一个人都听信了这个越人的炫耀之词，纷纷议论着说："原来车就是这个样子啊!"越人就按照那辆破车的样子造出了一辆又一辆车。终于有一天，战争爆发了，敌人大兵压境，就要侵入越国领土了。越人一点也不惊慌，从容应战，他们都觉得自己现在有车了，再没什么可怕的。越人驾着破车向敌军冲过去，才冲了没多远，破车就散架了，在地上滚得七零八落，越人也纷纷从车上跌落下来。敌军趁乱杀过来，把越人的阵形冲得乱七八糟，越人死的死，逃的逃，投降的投降，兵败如山倒。

议一议

越人为什么失败了?

越人的失败告诉了我们什么道理?

（二）要把关于客观事物本质和规律的认识同主体自身的需要和利益的认识结合起来，形成正确合理的实践观念

理论向实践转化，根本目的是为了改变事物的现存形式，以满足人的需要。为此就必须以对客观事物的事实性认识为基础，对客体的价值即它对人的有用性作出科学的评价，按照客观事物的尺度（外在尺度）和人自身的尺度（内在尺度），在观念中建构实践改造所应达到的理想客体，即形成实践观念。这是由理性认识向实践飞跃、变理论为现实的决定性的环节。

（三）要把理论的正确性和现实的可行性有机结合起来，寻求实现理想客体的具体途径

（四）理论必须被群众掌握，化为群众的自觉行动

要最终把实践观念和行动方案变为现实，还必须通过人的实践活动。群众是实践的主体，理论只有为群众所掌握，才能变为改造世界的物质力量。要使理论为群众所认同、内化，成为自觉行动，必须采取正确的实践方法即工作方法，如说服教育的方法、群众路线的方法、典型试验逐步推广的方法等。

青少年应该在知行统一的过程中不断提高人生发展的各种能力，如学习能力、思维能力、创新能力等，为今后事业成功、生活幸福打好基础。

在社会实践的过程中，我们面临的可能是成功，也可能是失败。可以说，成功和失败是构成人生丰富多彩画卷的一个整体，贯穿于人生的整个过程。成功与失败是紧密相连的，离开了一个，另一个也就不存在了，不能把它们孤立分割地去看待和评判。没有永远的成功者，也不会有永远的失败者。面对成功，我们要有平常心；面对失败，我们要吸取教训，分析失败的原因，这样，失败才能转化为成功。

爱迪生为了发明电灯做了 1 500 多次实验都没有找到适合做灯丝的材料，有人嘲笑他说："爱迪生先生，你已经失败了 1 500 多次了。"爱迪生回答说："不，我没有失败，我的成就是发现 1 500 多种材料不适合做电灯的灯丝。"

？ 议一议

我们应该如何面对生活中的失败和挫折？

青少年要做到知行统一，必须树立终身学习的观念，掌握现代科学文化知识。这是实现人生成功的重要前提。现代社会科技发展一日千里，知识更新越来越快，青少年应该学会自主学习，培养学习的能力，奠定终

身学习的基础,做到活到老、学到老。

青少年要做到知行统一,应当积极参加社会实践,了解社会,认识国情,增长知识,锻炼毅力。这是实现人生成功的必经之路。社会实践活动有利于扩大理论教育与实践教育的结合。青少年积极参加社会实践可以从不同角度、不同层次受到教育,在不同方面得到提高。社会实践活动的开展,可以使青少年深入基层、了解国情、体察民情、分析社会的现实需要、发现自身的不足,通过理论与实践的结合进一步掌握理论,提高认识水平。社会实践活动有利于青少年的成长,也是青少年成才的需要。

哲学上的社会实践是指人类认识世界、改造世界的各种活动的总和,即全人类从事的各种活动,包括认识世界、利用世界、享受世界和改造世界等。当然重点是为求生存进而为求发展而改造世界的活动,其中尤以物质生产活动为最基本的。随着社会的进步,物质生产的活动在向高级阶段进军的过程中,又分化出科学实验的活动,它们共同推动着人类社会的发展。这些活动的总和就是社会实践。社会实践是人类发现真理、运用真理、验证真理、发展真理的基础,但发现新的真理不能单单依靠盲目的实践,还必须与理性认识相结合。

青少年参加社会实践活动,可以走出校园,下农村、下厂矿、访军营、进商店,以社会为课堂,以实践为教材,全身心投入到社会实践中去接受教育和锻炼,不断提高自己的认识和解决实际问题的能力。这样才能形成振兴中华民族的共同理想和信念,增强历史使命感和社会责任感,成为中国特色社会主义事业的合格建设者和可靠接班人。

第二节　现象、本质与明辨是非

一、现象与本质

人们对任何事物的认识都是从现象开始的,现象是人们认识事物的入门先导。但人们认识事物的目的不在于事物的表面现象,而在于揭示事物的内在本质。只有把握事物的本质,才能揭开事物的本来面目,才能明辨是非,并指导我们的实践。

案例链接

两小儿辩日

孔子到东方游学,看见两个孩子争辩不已,就问他们争辩的原因。

高个孩子说:"我认为太阳刚升起的时候距离人近,但是到正午的时候离人远。"

矮个孩子认为太阳刚升起时离人远,而到中午时离人近。

高个孩子说:"太阳刚刚升起的时候像车篷般大,到了正午看起来就像盘子一样,这不是远的东西看起来小而近的看起来大的道理吗?"

矮个孩子说:"太阳刚出来的时候感觉很清凉,到了中午就像把手伸进热水里一样热,这不是越近感觉越热而越远感觉越凉的道理吗?"

孔子也不能判断谁对谁错。

两个孩子笑着说:"谁说你见多识广呢?"

议一议

为什么早晨的太阳比中午的大,中午的天气比早晨热?

(一)现象与本质的内涵及辩证关系

任何事物既有为我们感觉所能感受的表现以外的一面,又有深藏于内的,制约着外在各种变化的内在的一面。要认识和把握客观事物,就要从现象到本质。

本质是事物的根本性质,是构成一事物的各种必要要素的内在联系。

事物的本质是以自身所包含的特色矛盾为基础的，本质总是类的本质，是一类事物之所以区别于他类事物最根本的东西，因此，它是普遍性和共性。和本质不同，现象是事物的外部联系和表面特征，是事物本质的外部的和具体的表现，是一事物的各种个性、特殊性、具体性的总和。

现象和本质也是西方哲学史中一对极其古老和重要的范畴。柏拉图提出理念世界，并认为现象世界是理念世界的影子，这就明显涉及了现象与本质的范畴。亚里士多德把本质理解为使一事物成为该事物的规定性，认为定义所表达的就是本质。黑格尔以现象和本质的对立统一作为他的哲学体系的总框架，借此论述了他的辩证法思想。

任何事物都有自己的现象和本质两个方面，是现象和本质的统一体。现象和本质是对立统一的辩证关系：

现象和本质的相互区别，表现在现象不是本质，本质也不是现象。这是因为，现象是表面的、外在的、裸露的，因而可以为人们的感官所感知；本质是隐蔽的、内在的，只有靠思维才能把握；现象是个别的、片面的东西，而本质则是同类现象中一般的、共同的东西，因此，现象比本质丰富、生动，本质比现象单纯、深刻；现象是多变的、易逝的，本质则是相对稳定的。

案例链接

在中国，"伯乐相马"是一个脍炙人口的故事，说的是春秋时代一个被称为伯乐的人，特别善于鉴马。有一次，伯乐受楚王的委派，寻找能日行千里的骏马。伯乐遍访各国无果，十分着急。一天，伯乐正在路边歇脚，只见过来一匹瘦马，骨瘦如柴，因是上坡，甚是吃力，但伯乐寻马心切，还是走近仔细查看，不料那马突然昂头，大声嘶鸣，伯乐从声音中听出，这是一匹难得的好马，当即买下，带回楚国。楚王见马瘦骨嶙峋，还以为伯乐是在愚弄自己，很是不悦，伯乐却说是只要精心喂养，不出半月，这马就会恢复体力。楚王虽将信将疑,但凭着对伯乐的信任接受了他的主意。果然,经过一段时间的调养,那马变得膘肥精壮,后来为楚王驰骋沙场立下不少功劳。

？议一议

在现实生活中,你是怎样去判断现象和本质之间的区别的?

现象和本质辩证统一的表现是两者的相互依存。就是说,现象和本质是构成客观事物不可分割的两个方面:一方面,现象不能脱离本质,它总是以本质为根据,并从各方面表现着本质,即脱离本质的现象是不存在的,即使是假象也是事物本质的表现;另一方面,本质也不能脱离现象,本质总是现象的本质,任何事物的本质都要通过这样那样的现象表现出来,脱离现象的赤裸裸的本质也是不存在的。

(二)掌握现象与本质辩证关系的意义

现象和本质的辩证关系的原理,给我们提供了认识事物的科学方法,具有重要的方法论指导意义。

> 闪光的东西并不都是金子,动听的语言并不都是好话。
>
> ——[英]莎士比亚

现象与本质的对立,说明了科学研究的必要性,它告诉我们对事物的认识不能停留在表面现象上,认识了事物的现象不等于认识了事物的本质。正如马克思所指出的那样:"如果事物的表现形式和事物的本质直接合而为一,一切科学就都成为多余的了。"又正因为本质和现象的统一,才有科学研究的可能性。本质总要通过现象表现出来,现象也总是表现着本质,因此,人们可以通过对于大量现象的研究去发现事物的本质,达到科学的认识。

要不断深化对事物本质的认识。从现象进入本质是认识的深化，却不是认识的终结。人们在一定程度上认识到了事物的本质和规律以后，还必须在这种认识的指导下，继续研究尚未研究过或者尚未深入研究过的现象，这样才能不断地补充、丰富和加深对事物本质的研究和认识。这是因为事物的本质有一个逐渐暴露、逐渐展开的过程，人们的认识能力、认识水平也需要在实践过程中不断提高。既然如此，要不断深化对于事物本质的认识，就需要坚强的毅力，付出艰辛的劳动。

人类首先是通过光来认识世界的，那么光究竟是什么呢？光的本质是什么呢？人类自古以来就孜孜以求之。但是，人们对光的深刻认识只有到了近代才真正开始。从 17 世纪人们开始了对光的本质进行了深入的研究和探讨。

荷兰物理学家惠更斯在 1690 年发表了《光论》一书，认为光是某种波动，在弹性介质中以波的形式向周围传播。牛顿的《光学》则认为光是一种粒子，是从光源发出的一种物质微粒，在均匀介质中以一定的速度转播，持光为粒子和光为波两种观点的人争论了一个多世纪。后来，英国物理学家、数学家麦克斯韦在 1864 年发表了著名的《电磁场动力学理论》，确认了光就是一种电磁波。这时惠更斯在光学上的理论完全战胜了牛顿。可是进入了 20 世纪，量子理论和相对论相继建立，在 1905 年爱因斯坦发表了他的著名论文《关于光的产生和转化的一个试探性观点》，他提出了光量子的概念，并写出了光量子的能量表达式，牛顿的光学观点又得到了进一步的确认。到 20 世纪 20 年代，法国著名物理学家德布罗意创立了物质波动学说，他指出光具有波动性和微粒性的二象性，很多学者都认为"二象性"是对光的本质的最准确和全面的表述，从而结束了光到底是波动还是粒子的争论，统一了人们对光到底是什么的认识。时至今日，在我们的教科书上就是将光的本质看做为具有波、粒二象性的。这就是到目前为止对光的本质认识的主流观点或者说是经典的公认的观点。

二、揭示事物的本质，提高人生发展能力

在日常生活中，人们对事物认识的速度有快有慢，程度有深有浅，其所以如此，是因为人们的认识能力水平不同。有的人罗列了一大堆现象，但总是不得要领，总是找不到事物的本质。这种情况不仅直接影响人们对事物的认识，更影响到办事效率和实践结果。要提高人生发展能力，就要努力做到透过现象把握事物的本质。

（1）要深入实际，反复实践，全面把握事物的各种现象。现象是认识入门的先导，认识事物只能从认识它的现象开始。但是，事物是复杂多变的，往往是真相和假象混杂，本质的东西和非本质的东西同在。要做到透过现象认识本质，就必须占有十分丰富的合乎实际的感性材料。就是说，无论认识什么事物，一定要获得大量的感性材料，如果仅仅看到一些局部的、一鳞半爪的现象就急于下结论，那是必然要犯错误的；同时，获得的感性材料一定要合乎实际，如果只是凭着道听途说得到的东西或者假象去下结论，就必然歪曲事物的本质。这就要求我们必须深入实际，认真进行调查研究。调查研究也是认识世界的过程，没有调查就没有发言权。

案例链接

《战国策》中有一名篇《邹忌讽齐王纳谏》，其中记载了邹忌现身说法谏请齐王广开言路的著名事例。有一天，邹忌先后问自己的妻子、小妾和客人，他和城北徐公谁更美丽。三人都说他比城北徐公要美得多，当时，邹忌心里十分高兴。第二天，徐公来会见邹忌，谈话中邹忌反复观察徐公的容貌，深感自己不如他漂亮。邹忌想了又想，终于领悟了其中的奥妙："吾妻之美我，私我也；妾之美我者，惧我也；客之美我者，有

求于我也。"

于是,邹忌入朝拜见齐威王,说:"我确实知道自己不如徐公美。我的妻子偏爱我,我的小妾害怕我,我的客人想要有求于我,都说我比徐公美。如今齐国有方圆千里的土地,一百二十座城池,宫中的姬妾,没有谁不偏爱大王的;朝廷的大臣没有谁不害怕大王的;齐国之内没有谁不有求于大王的。由此看来,大王受蒙蔽很严重啊!"

齐威王接受邹忌的劝谏,昭告天下:"所有的大小官员和百姓能当面指责我的过错的人,得上等的赏赐;上书劝谏我的人,受中等的赏赐;能在众人聚集的公共场所指责议论我的过错,并让我听到的人,受下等的赏赐。"命令刚刚颁布,大臣们都来进谏,宫廷像集市一样热闹。几个月之后,有时偶尔有人来进谏。一周年之后,即使想要说的,也没什么值得进谏的了。燕、赵、韩、魏等国听说了这件事,都来朝拜齐威王。这样,齐威王身居朝廷,在没有用兵的情况下,就征服了别国。

想一想

这个小故事蕴含着什么道理?

> 我们看事情必须要看它的实质,而把它的现象只看做入门的向导,一进了门就要抓住它的实质,这才是可靠的科学的分析方法。
>
> ——毛泽东

(2) 要开动思想机器,对大量现象以及它们之间的相互关系进行科学的分析和研究,以使得对现象的认识上升到对事物本质的把握,对事物的感性体验上升到理性思考。在对现象的分析研究中,特别要注意区分真相和假象,要善于从假象的背后揭露事物的本质。

对大量现象以及它们之间的相互联系进行分析和研究的过程,也是发挥人脑思维能动性的创造性过程,一个思想上的懒汉或无所用心的人,是不能认识事物规律的。只有善于思索的人才可能把握真理。正是因为如此,毛泽东反复强调要"开动机器"、"善于思考"、"凡事应该用大脑想一想"、"多想出智慧"。三国时期的诸葛亮,初出茅庐对天下大势就了如指掌,是他善于思考、发挥思维能动性的结果。事实上,当时的诸葛亮只有二十几岁,实践经验未必丰富,但他善于分析当时社会斗争形势,因而能得出正确的结论。他认为,曹操已有百万之众,挟天子以令诸侯,此诚不可与之争锋;孙权据有江东,已历二世,国险而民附,贤能为之用,此可以为援而不可图也。只有荆州、益州的统治者暗弱,不能守业,这才是刘备的用武之地。后来事实证明诸葛亮的分析是正确的。

议一议

列举实例说明"开动思想机器"对透过现象看本质的重要意义。

(3) 要坚持解放思想、实事求是、与时俱进、开拓创新,反对机械地搬运某种理论认识,或把片面的经验视为普遍真理的错误倾向。实践在发展,新事物也在不断地出现,我们只有不拘泥某种成规或定式,在实践中研究新事物,解决新问题,才能有所发现,有所发明,有所创造。如果只满足于认识上的一孔之见、实践中的一功之得,就不能深化和拓展我们的认识,也不能在人生过程中创造出任何新的东西。

(4) 要坚持实践标准,接受时间的考验。实践是检验真理的唯一标准。一种认识是不是真理,是不是真正地把握了事物的本质和规律,只有把这种认识拿到实践中去,接受实践的检验,才能够最后判定。另外,实践是一个变化发展的过程,因而,对于一种认识,特别是对于一种较为复杂的认识,还需要接受时间的考验,如果没有不屈不挠的毅力,无视实践的发展而匆忙地下结论,也是十分有害的。

> 　　赠君一法决狐疑,不用钻龟与祝蓍。试玉要烧三日满,辨材须待七年期。
> 　　周公恐惧流言日,王莽谦恭未篡时。向使当初身便死,一生真伪复谁知?
>
> ——白居易《放眼》

　　白居易在这里说,我送给你一个鉴别事物真假的办法,非常灵验。那就是宝玉也好,优秀的材质也好,都必须得经过一定的时间考验才能识别出来,因此,当年周公忠心耿耿辅佐成王的时候,有多少人说他怀有篡位的阴谋? 但最后大家还是看出周公的赤胆忠心;又比如当年王莽辅佐幼小的汉朝皇帝,那态度多么的谦恭和顺,差不多朝野上下的人都在说他是个天底下的第一好人,可又有谁知道他后来居然会篡位自立呢? "向使当初身便死,一生真伪复谁知?"如果周公和王莽都在大家没有搞清真相的时候就死去了,那么他们真正的人格人品就没人能够知道了。这至理名言,足以惊世骇俗。

？议一议

　　以古为鉴可以知得失,以史为鉴可以明荣辱,通过上述白居易的诗篇及解释,我们能从中得到什么启示?

三、明辨是非是做人的基本条件

　　人们处在相互联系的社会关系之中,难免会受到复杂多变的社会现象、社会风气的影响,接触到形形色色的人,碰到各种各样的事情,而社会生活又是复杂多样的,是非混杂、鱼目混珠、真假混淆的情况时有发生,现象和本质的区分在这些影响之下变得模糊,由此,明辨是非就成为我们社会生活必须具备的基本条件。

(一)明辨是非的意义

"是"即真、正确,"非"即假、不正确,明辨是非也即是要求人们在处理社会及个人事务时要善于区分真、善、美和假、恶、丑,做一个正直的对社会对人民有用的人。

明辨是非,是做人的基本条件。因为明辨是非是一种主持公道、维护正义、嫉恶如仇的品质,也是一种勤于实践、善于思考,通过复杂的现象把握事物本质的能力,更是一种敢于坚持真理、修正错误、公而忘私、服务大众的境界。我们只有明辨是非,区分善恶,辨析真假,才能决定自己应该做什么,不应该做什么,才能抵制诱惑,扬善抑恶,才能成为一个高尚的人,一个纯粹的人,一个有道德的人,一个才思敏捷、睿智通达的人,一个志存高远、有益于社会有益于人民的人。

案例链接

2007年感动中国十大人物之一的陈晓兰,作为理疗科医生,多年来致力于医疗器械行业打假。2007年,她揭露上海协和医院的黑色交易,最终让上海协和医院关门,这是中国医疗打假领域一个具有里程碑意义的重大事件。

陈晓兰打假,维护的是公共利益,但也触犯了某些人的利益。她被一些奸商列入"黑名单",也让一些贪官咬牙切齿,因为她是无良商人的眼中钉、肉中刺,同时也触动了某些官员的利益。因为打击假劣医疗器械,她被迫离职,提前退休,"四金"被强制封存。但陈晓兰无怨无悔,在大是大

非面前决不退却，坚守良心。多年来。被她揭露的各种医疗器械超过 20
种，被称为"中国医疗器械打假第一人"。

议一议

陈晓兰明辨是非的根据是什么？你是怎样理解做人的基本条件的？

（二）把握明辨是非的标准，提高科学素养

做到明辨是非，需要我们明确判断和衡量是非的标准。在现实生活
中，一般有社会公认的道德规范和所处社会制度下的法律规定两种标准。
前一种是非标准是从道德价值观的角度出发来衡量人们的行为，后一种
是非标准则是从制度层面出发评判是非的刚性标准，两者共同构成了人
们明辨是非时所使用的标准体系。

做到明辨是非，需要我们提高科学素养，就应当了解必要的科学知
识，具有科学精神和科学世界观，用科学态度和科学方法去判断事物。没
有科学素养，就不能正确地解释自然现象和社会现象，不能做到明辨
是非。

（三）青年学生如何做到明辨是非

青年学生是社会中的一个特殊群体。他们思维敏捷，头脑灵活，富于
创造力。但同时也缺少在学习和生活中明辨是非的实践经验，因此，要做
到明辨是非可以从以下五方面进行努力：

做人必须拥有一把良知的尺子，即必须拥有正确的道德是非观。不
应当事事都持从众心理，人云亦云"随大流"，成为庸庸碌碌、无所作为的
人；更不应当一事当前，总是先为自己打算，颠倒是非，混淆黑白，成为危
害社会的人。

不能轻信别人的言论和行动，要善于独立思考，用自己冷静的头脑客

观分析。

不能急于下结论,必须看到事物的两面性,要注意自己思考的全面性,不能武断地作出片面的结论。

要善于战胜自我,抵御诱惑。坚持正确的行为就要善于战胜自我的软弱,不向诱惑低头屈服。

要积极参加集体活动,增强社会交往能力,在与他人的交往中打开自我的空间,同时,我们还必须积极学习相关科学技术知识,用科学知识武装的头脑才会更有战斗力。

第三节　科学思维与创新能力

案例链接

1814 年的一天,法国医生莱纳克正缓步从一个花园经过。突然,他被一对玩跷跷板的男孩吸引住了。他看见其中一个男孩把耳朵紧紧贴在跷跷板上,而另一个男孩站在一端用一枚铁针在跷跷板上轻轻划着。莱纳克好奇地走过去,学着男孩的样子,也把耳朵紧紧贴在跷跷板上,莱纳克听到了跷跷板另一端铁针划木板的声音,而且听得清清楚楚。当时,法国到处流行肺结核病,医生们都苦于没有办法及早发现人体内的肺等器官运动是否正常。通过这对男孩玩跷跷板的启示,莱纳克发明了世界上第一台听诊器。

议一议

我们在实践中应如何以科学思维方法为指导,提高创新能力?

一、掌握科学思维方法，提高人生发展能力

科学的思维方法在我们的认识过程中起着非常重要的作用。所以，我们在学习知识的过程中要加强思维训练。科学的思维方法有很多种，但是主要可以归结为四种方法，即归纳法、演绎法、分析法和综合法。

（一）归纳法

归纳法是从个别中发现一般的思维方法和推理形式，即从个别事实中概括出一般原理。

> 脑筋这个机器的作用，是专门思想的。凡事应该用脑筋好好想一想。俗话说："眉头一皱，计上心来。"就是说多想出智慧。
>
> ——毛泽东

我国古代农学家贾思勰广泛搜集和总结了古代农作物的耕作经验，总结出"早熟者，苗短而收多；晚熟者，苗长而收少"的良种培育规律，即现在的矮秆高产。这里，他所采用的就是归纳法。在科学研究中，归纳法是一种得到普遍应用的方法。归纳法的实质就是从个别到一般、从特殊到普遍、从具体到抽象的分析推理过程。它不是对复杂、众多素材的牵强附会的编排，也不是一大堆事实的机械的分类罗列，而是要从现象的综合归纳中找出事物之间的内在联系，发现事物的共性和本质规律。这是符合辩证唯物论的认识论的。人们的认识总是从接触和认识个别、特殊的事例开始，然后在对大量同类事物的认识中，把对个别事物的认识上升到对事物共同本质的认识。因此，可以认为归纳法是分析和认识事物的一种基础方法。

归纳法在科学研究中是一种重要的方法。

帮助人们从大量经验事实中找出普遍的特征。在探求自然的普遍真

理的科学史上,许多定律和公式都是应用归纳方法取得的。例如,由于信息学是一个新兴的发展中的学科,处于积累经验阶段,所以归纳法就显得尤为重要了。信息学研究者需要从大量调查、观察、实验所得的材料中总结出一般概念、理论,建立自己的学科体系。信息学中,许多定义的确立都是通过归纳概括人为确定的,如什么是信息、什么是信息工作、什么是信息检索等,都是在考察了一定的客体之后定性地规定出它们的定义。因为各人观察的角度不同,表述方式不同,所以对某一事物的定义往往有几种、数十种,如关于信息的定义就多达几十种。

使人们在考察个别事物时,受到启发,接近真理。科学研究中的许多猜想是通过归纳法提出的,虽然猜想还不是真理,但毕竟向真理迈近了一步。例如,在克兰菲尔德实验中,当所查的文献要求的概念全部满足时,查全率为65%;当所要求的概念减少一个即可认可时,查全率为85%;当只有一个单元即可认可时,查全率为97%。他们从这些事实归纳中得出一定的规律,然后进一步实验,最后得出一个定律:"当查全指数提高时,相关率就会下降;相反,当查全指数下降时,相关率就会改善。"这就是后来人们所说的"查全查准原则"。

(二)演绎法

演绎法是在一般中发现个别的思维方法和推理形式,即用已知的一般原理考察某一特殊对象,推演出有关这个对象的结论。

演绎逻辑奠基于亚里士多德,他提出了三段论法的一般规律。欧几里得几何学则从五个公理和五个公设出发,构成了一个逻辑上完美严密的体系,使亚里士多德关于科学是演绎系统的理想得到了实现。后来法国哲学家和物理学家笛卡儿创立了以数学为基础、以演绎法为核心的方法论,把演绎法看做是科学发现的基本逻辑,并与培根的归纳主义相对立,成为近代演绎主义的代表。德国数学家莱布尼茨则把数学与形式逻辑结合起来首创了数理逻辑,用形式化的数学方法研究问题,使演绎推理发展到了一个新的阶段。

演绎法是科学预见的一种手段。科学预见就是将一般原理用于具体情况的正确推论。信息学要从经验科学进入理性科学阶段，一个很重要的方面就是能够运用演绎推理的方式，而不仅仅是用经验的方式得出一些新的理论观点，也就是要作出一些科学预见。

美国图书馆学家谢拉曾根据物质产品的生产、分配和利用，推论智力产品的生产、分配和利用，并取得一定的成果，称之为"社会认识论"。后来，英国信息学家布鲁克斯运用了谢拉演绎的推论的结果，绘制出知识结构"地图"，从知识"地图"上可以看到智力产品形成的知识系统及其动态结构，为智力产品的运动找到了一种表达方式。

（三）分析法

分析法是把整体分解为部分，把复杂的事物分解为简单要素，再分别加以研究的一种思维方法。

在客观事物中，组成整体的各个部分本来是相互联结的，为了分析这些部分或方面，就必须把它们暂时割裂开来，把被考察的因素从整体中抽取出来，暂时孤立，以便让它单独地起作用。在研究工作中，单因素分析法或单因子实验法的采用都是为了深入事物的内部，研究它们的细节，为从总体上把握事物积累材料。

分析法在社会实践中有着广泛的应用。

总结成败的经验教训。在科学技术发展过程中，经常会碰到这种情况，当矛盾得到解决，就会促进科学技术的发展，获得成功、兴旺、增产以及质量和效率的提高；当矛盾日趋激化，就会制约科学技术的发展，导致失败、衰退、减产以及质量和效率的下降。分析法就是依据事物间的这种促进作用或制约作用，研究因果关系或矛盾关系，分析影响某项科学技术发展的主要因素，总结其成败的经验教训，进而结合国内或本地区的实际情况，提供借鉴。

研究科学、技术和产品行业的兴衰背景、发展趋势、途径和方法。科学技术和产品行业的发展,总是受控于内外因素的影响,因此,分析内外因素及其相互关系就能够把握住科学发展的总规律和总趋势。

分析引进技术和适用性。引进技术是否适用于国内实际情况,如技术力量、资源条件、经济水平、社会需要等,取决于对国内外条件因素的对比分析,并作出判断,在这里,分析法的应用起着主要作用。

研究科研生产中的政策管理问题。可以分析影响科技效率的六大有关因素,包括人员、经费、工艺技术、政策管理、实验手段和信息资料等;分析影响生产效率的八大技术经济指标;分析制定政策的背景和依据;分析影响产品质量的五大因素,包括人、设备、工艺材料和测试方法等;分析影响产品的销售,造成产销脱节、供过于求或供不应求等情况的社会需要、经济水平、市场价格、产品质量、品种构成等主要因素。

(四)综合法

综合法是把对象的各个部分、属性、要素联系起来,从总体上进行考察和研究的一种思维方法。

综合法是在分析的基础上进行的科学概括,并把对各个部分、各个属性、各个要素及其相互关系的认识综合统一为对事物整体的认识,从而达到对事物的全貌及其本质和规律的把握。综合法不是事物的各个部分、各种属性、各个要素的简单机械地相加,而是在思维中把事物的各个方面的内在联系统一成一个有机整体。认识事物必须从分析到综合。只有分析没有综合,就不可能达到对事物的本质和规律的全面认识。

综合法的应用主要表现在以下几个方面:

在比较和分析的基础上使分散、片面、内容各异的有关观点、知识、技术、产品集中化、系列化;使不同时间出现的、逐步深化的知识连续化、深刻化;使来自各个方面的知识(科学技术、生产实践以及外部条件因素)综合化、精炼化。它是通过对信息进行更高层次的概括、加工,产生认识上的质的飞跃。

掌握多门类科学技术,创造新的科学技术体系。通过综合研究能掌握多种科学技术,把它们应用于实践必将获得新的成就。例如,电子技术、激光技术、计算机技术等都是已有的技术,如能通过信息研究把它们与农业相结合,就能通过科学研究创造出新的农业科技体系。又如,电子显微镜、超声波显示、X 射线造影、同位素扫描等综合应用必然促进分子生物学发展。信息研究本身是自然科学与社会科学的综合,通过这种综合必将形成新的科学体系。

掌握科技发展的规律,为决策者提供依据。综合研究由于涉及面广,能充分掌握某项科技的发展规律,因此能为政策制定者提供科学生产发展现状、历史经验教训方面的信息,为计划制定者和产品项目决策者提供依据,促进交叉学科、边缘学科的发展和大系统、大学科的形成。

掌握科学思维方法对提高人生发展能力有重要作用。科学的思维方法是正确认识事物的工具,能帮助我们正确认识事物的本质和规律,不断提高人生发展的能力。

二、运用科学思维提高创新能力

随着社会的进步和经济的发展,“创新”这个词在我们的学习和生活中出现的频率日益增多,这是因为在当今世界,创新变得越来越重要。

相关链接

关于创新的概念,各学科有不同的解释。一般而言,创新是指创造和发现新东西。如人类学界一般认为,创新是文化变迁的基础,美国人类学家霍默·G. 巴尼特在《创新:文化变迁的基础》中说创新是指“在实质上不同于现有形式的任何新思想、新行为或新事物"。不过,巴尼特还认为,"发明"和"创新"可当做同义词使用。可见,创新的含义较广,既包括人类社会和文化的革新与改造,也包括科学和技术的发现与发明。

(一)创新的内涵

对应于各个不同领域,创新也有许多不同的种类,但是从哲学上可以划分为思维创新和实践创新。从认识的角度来说,思维创新就是更有广度、更有深度地观察和思考这个世界;从实践的角度来说,实践创新就是能将这种认识作为一种日常思维贯穿于生活与学习的每一个细节中。从辩证法的角度来说,创新包括肯定和否定两个方面,从而也就包括肯定之否定与否定之肯定。前者是从认同到批判的暂时过程,而后者是一种自我批判的无限阶段。所以创新从这个角度来说就是一种"怀疑"和"批判"的态度。

矛盾是创新的核心。矛盾的对立就是创新的产生过程,矛盾的统一就是创新完成的过程。

人是自我创新的结果。人以创新创造出人对于自然的否定性发展。这是人超越自然达成自我能动性的基本路径。人的自觉能动性与实践是辩证统一的关系。创新就是人的自觉能动性。

创新是人自我发展的基本路径。创新与积累行为构成一个矛盾发展过程。创新是对重复、简单的劳动方式的否定,是对人类实践范畴的超越。

创新是人的思维的发展,是人的思维在实践的过程中对存在的重新把握。

(二)创新是一种精神

创新精神是指能够综合运用已有的知识、信息、技能和方法,提出新方法、新观点的思维能力和进行发明、创造、改革的意志、信心、勇气和智慧。创新精神是科学精神的一个方面,与其他方面的科学精神不是矛盾的,而是统一的。创新精神以敢于摒弃旧事物、旧思想,创立新事物、新思想为特征。同时创新精神又以客观事物为基础,以遵循客观规律为前提,只有当创新精神符合客观需要和客观规律时,才能顺利地转化为创新成果,从而成为促进自然和社会发展的动力。

在我们生活的方方面面,创新都起到很大作用。在经济领域中,创新是企业和企业之间、国家与国家之间经济贸易之争的撒手锏;在政治与社会领域中,创新能够促进体制的改革,这正是社会和谐与进步的必备条件;在科学与知识领域中,创新是新发现和新技术出现的必要环节;在文化和艺术领域中,创新更是处于举足轻重的地位,是一切艺术的源泉。

创新精神是一个国家和民族发展的不竭动力,也是一个现代人应该具备的素质。在现今这个高速发展的社会中,我们必须具备创新思维,同时具有创新精神,只有这样,才能培养自身的创新能力,在未来的发展中不断开辟新的天地。

(三)青少年要具备创新精神,不断培养自己的创新能力?

1. 好奇是创新的萌芽

黑格尔说过:"要是没有热情,世界上任何伟大事业都不会成功。"所有个人行为的动力,都要通过他的头脑,转变为他的愿望,才能使之付诸行动。因此,我们要保持一颗好奇心,并在实践中不断去探索。如果我们仅仅记住了各种定理与公式,而不能把学到的知识用于实践之中,就不能发现新问题,更不能解决实际问题。

2. 兴趣是创新的动力

我国伟大的教育家孔子说:"知之者不如好之者,好之者不如乐之者。"可见兴趣的重要性。兴趣是最好的老师,是青少年学习的内在动力。事实上,只有感兴趣才能自觉地、主动地、竭尽全力地去观察世界、思考问题、探究规律,才能最大限度地发挥主观能动性,并在学习中举一反三,产生新的联想,进行知识的融会贯通,作出新的比较,综合出新的知识。

3. 质疑是创新的表现

我国古代教育家曾经提出"学贵知疑,小疑则小进,大疑则大进","学从疑生,疑解则学成"。只学习老师讲的知识,只记忆书本上的内容,是远远不够的,我们要善于发现问题,解决问题,还要在实践中勇于探索,善于创新。只有这样才能真正掌握知识,把握规律。

更为重要的是,我们应当将科学的思维方法应用于创新。这是创新的基础和出发点。没有科学的思维方法,任何创新都是天方夜谭。所以,青少年不仅要敢于创新,更要善于创新,将所学的科学知识和科学的思维方式用在生活的点点滴滴中。

案例链接

橡皮头铅笔的来历

美国有位名叫海曼的穷画家,虽然非常用功,但由于画法不当,又缺乏名师指点,绘画技能平平,一直没有成名。海曼经常用小铅笔和小橡皮画素描,往往画了擦,擦了画,很是麻烦。他为了减少麻烦,将橡皮条切得很小,用铁丝固定在铅笔的顶端,这样使用起来方便许多。他的发明虽然没能让他成为大画家,但是却成了大富翁。

钢 盔 的 来 历

第一次世界大战期间,德军向法军发动进攻。法军阵地被炸得地动山摇,血肉横飞。法军厨房里的一名士兵要去战斗,他怕头被石头砸伤,就扣了一口铁锅,冲了出去。战斗结束后,这位士兵的头部安然无恙,一名法国军官从中受到启发,发明了军用钢盔,此后,士兵们打仗时都戴钢盔了。

第四章
顺应历史潮流，树立崇高理想

第一节　历史规律与人生目标

案例链接

为中华之崛起而读书

　　1904～1905 年的日俄战争，是日本和俄国为了争夺中国的东北和朝鲜进行的战争。由于清政府的软弱无能，不得不听任侵略者在中国的土地上烧杀抢掠。战争给东三省人民造成了巨大的灾难。这段历史深深地印在了当时就读于沈阳东关模范学堂的周恩来心里。从此，他暗暗激励自己要发奋读书，为拯救祖国和同胞而效力。一次，学堂的校长问大家："你们读书是为了什么？"有的说："为挣钱，为吃穿"；有的说："为做官"；还有的说："读书是为了家父。"……校长听了大家的话，好像并不满意。于是就问周恩来。周恩来站起来，清晰而有力地回答："为中华之崛起而读书！"这个目标，一直激励着他矢志不渝地追求革命真理，最终使其成为伟大的无产阶级革命家。为中华的崛起，为人类的进步，他作出了卓越的贡献。

？ 议一议

周恩来总理为什么能为人类进步作出贡献？

一、个人目的和动机

个人目的，就是个人想要达到的人生境界；所谓动机，是指为激发、维持、调节并引导人们从事某种活动的内在心理过程或推动力量。

在人生实践活动中，人们一方面基于自身的需要，激发着动机、确立着目的、产生着一定的理想追求；另一方面又考虑着活动的目的、动机以及实现它们的途径，因为每个正常人的人生都毫不例外地要受制于一定的人生观念的指引。人为什么活着和为什么人活着，这是一个决定人生根本方向的问题，每个人都无法回避。对这个问题做出科学分析和解答，对于启迪人们思想，用正确态度把握人生，具有十分重要的意义。

> **为什么人的问题，是一个根本的问题，原则的问题。**
>
> ——毛泽东

人类活动的一个基本特征就是目的性。人生目的、动机的形成，不是人的心灵主观自生的，它是主客观条件的有机统一。首先，它受其所处的一定历史条件和社会关系制约。不同的历史时代，人们的需要不同，任务自然就有差别。如，在原始社会，人生目的、动机就是解决温饱生存问题；在私有制社会，剥削阶级，人生目的、动机就是追求奢华享乐，占有更多的物质财富。同时，人们所处的社会地位不同，也决定了人生目的、动机的差异，同一阶层的人们处于不同的社会环境，也会形成不同的人生追求。其次，它是人们自觉选择的结果。由于世界观不同，人们对外界事物的认识能力就不同,就会有意识地认同和选择不同的人生目的。正确的人生目的一经确立,就会贯穿于人生历程的始终,持续激励人奋进;反之没有正确的人生目的,就没有充实、积极的人生。

在当今社会,正确的人生目的就是为人民服务。把为人民服务作为人生目的,并不是任何人的主观臆断,而是有科学根据的。

为人民服务是生产社会化的必然要求。唯物史观认为,人的社会属性决定了人只有在相互联系、相互配合、相互依存、相互服务的过程中,才能相对独立地存在。人们在社会中通过交换自己的劳动来满足自己的物质需求和精神需求。尤其在生产社会化高度发展的今天,社会成员必须对社会对他人作出贡献,社会才有可能满足社会成员的各种需要。这在客观上要求社会成员树立为人民服务的人生目的。

为人民服务符合人民群众创造历史的客观需要。唯物史观认为,人类社会发展的主体是人民群众,人民不仅是物质财富和精神财富的创造者,而且是变革社会的最终决定力量。正如毛泽东同志所讲,"人民,只有人民,才是创造历史的动力。"所以,把为人民服务作为人生目的,既有助于推动历史进步,又有利于自身健康发展。

为人民服务取决于无产阶级的阶级本质和历史使命。唯物史观认为,无产阶级只有解放全人类,才能最后解放无产阶级自己。这决定了无产阶级的人生观只能是以为人民服务为核心。

由此可知,只有把个体的人生目的、动机同时代和人民的要求紧密结合起来,用自己的知识和本领为人民服务,才能使自身价值得到充分实现。如果脱离时代,脱离人民,必然一事无成。

二、实现人生目标必须符合历史规律

（一）社会发展规律是客观的

自然界的发展规律是通过各种事物的无意识的、无目的相互作用表现出来的,因而是客观的。社会历史是人类活动的产物。人类是有目的、有意识地活动,在实现人生目的和动机时,不是随心所欲的,而是要遵循历史的发展规律。生产力决定生产关系,生产关系必须适应生产力的发展要求,这是推动人类历史不断由低级向高级发展的一条固有规律。

一些西方哲学家认为,人类历史发展,是杂乱无章、毫无规律可循的,既然是这样,人们创造历史也就可以随心所欲了。例如,当代批判理性主义的著名代表英籍哲学家社会学家卡尔·波普尔就断言:历史没有规律,历史也不能预言。他认为,人类历史的进程受人类知识增长的强烈影响,而人类知识的增长是人们无法预知的。这实际上是说人类历史的发展取决于人们的知识,是以人们的知识即主观认识为转移的。显然,卡尔·波普尔是典型唯意志论的历史唯心主义者。

事实上,人们自己创造着自己的历史,这种创造灌注着人们的目的与希望。但是这种创造是在十分确定的历史前提和条件下进行的。众所周知,每一代人在社会上开始生活时,并不是完全从头开始的,人们所遇到的,都是现成的生产力和生产关系。人们开始社会生活时,总是遇到并接受前人传给他们的生产力和生产关系,这是不以他们的意志为转移的。而且,这种既得的生产力和生产关系,同时规定了人们的生活方式和活动方式。

唯物史观认为,社会历史发展具有自身固有的客观规律;物质资料的生产方式是社会发展的决定力量;社会存在决定社会意识,社会意识又反作用于社会存在;生产力和生产关系之间的矛盾,经济基础和上层建筑之间的矛盾是社会发展的基本矛盾;人民群众是历史的创造者。

可见,人类社会与自然界一样,都存在着不以人的意志为转移的客观规律。虽然两者具有不同的表现形式和特点,但不能因此否定社会历史规律本身。

强调社会发展规律的客观性,绝不能否认人在社会历史中的作用。

事实上,人通过自己有目的的活动,创造了自己的历史。离开人的创造性活动,社会发展规律也就无法形成。

> **历史不过是追求着自己目的的人的活动而已。**
>
> ——马克思

社会发展规律是在人的实践活动中产生的。人们在改造自然的过程中,不仅形成了人与自然之间的关系,而且产生了人与人之间的社会关系。生产关系适应生产力、上层建筑适应经济基础的发展要求等社会规律,正是在人类每时每刻的实践活动中形成的本质的、必然的联系。

社会发展规律以人的自觉活动来体现自己。社会发展规律存在于人的有意识、有目的的活动中。不同的人根据各自的需要,自觉地进行活动。人们的活动纷繁复杂,历史人物、历史事件层出不穷,千差万别,在现象上表现出多样的偶然性而不重复。但在这些偶然性之中总是存在一定的必然,其中的必然就是社会发展规律。因此,人们在实践活动中,不但可以认识而且可以利用和驾驭社会发展规律。

社会发展规律存在于人的自觉活动中,充分表明了个人目的、动机与社会发展规律之间的必然联系。社会发展规律影响和决定着每个人的生活与活动。因此在遵循社会发展规律的前提下确定的人生目的和动机就一定是正确的,也必然会实现;反之亦然。因为社会发展规律代表了社会的发展方向和人民群众的根本利益,正确解决了人和社会的关系。所以个人目的、动机总是自觉与不自觉地受社会发展规律的制约。

(二)人生目的是人生观的核心内容

有什么样的世界观,就有什么样的人生目的,进而形成人生理想、态度等问题的基本看法。科学的世界观对个体人生目的、动机的形成以及发展的方向都有指导意义。

正确的人生目的有助于人们抵制各种错误人生观的不良影响,能使人们在人生重大问题上做出正确选择。如果没有正确人生理论的指导,必然导致人认识上的错乱,走上错误的人生道路。

❓ 议一议

为什么"宁愿我负天下人,不能天下人负我"的说法,是极端自私的?

唯物史观认为,历史是由人民群众创造的。人民群众由无数个个体所组成。个人在历史上的作用主要体现在:可以用自己的行动加速或延缓历史进程,促进或阻碍历史事件发展。每个人都会在历史发展中起或大或小,或好或坏的作用。顺应历史发展,确立崇高的人生目标是当代青年的正确选择。那么,我们应该怎样确立自己的人生目标并实现它呢?

案例链接

1955 年秋天,一位健康的女婴在山东济南出生了,她就是张海迪。遗憾的是,在她 5 岁时,一场脊髓血管瘤疾病使其胸部以下全部瘫痪。面对残酷命运的挑战,张海迪没有沮丧和沉沦,而是以顽强的毅力与疾病作斗争,并确立了"活着就要做个对社会有益的人"的人生目标。

没有机会走进校园,张海迪就在家里学完了小学、中学全部课程,接着自学了大学英语、日语、德语和世界语,然后,又攻读了大学和硕士研究生的课程。1983 年,张海迪开始从事文学创作,先后翻译了《海边诊所》等数十万字的英语小说,编著了《向天空敞开的窗口》、《生命的追问》、《轮椅上的梦》等书籍。为了对社会作出更大的贡献,她先后自学了十几种医学专著。同时,向有经验的医生请教,学会了针灸等医术,为群众无偿治疗一万多人次。1983 年,《中国青年报》发表《是颗流星,就要把光留给人间》一文,赞誉她是"八十年代新雷锋"、"当代保尔"。张海迪秉持着"活着就要做个对社会有益的人"的信念,以保尔为榜样,把自己的光和热献给人民,她以自己的言行,回答了亿万青年非常关心的人生观、价值观问题。邓小平亲笔题词:"学习张海迪,做有理想、有道德、有文化、守纪律的共产主义新人!"张海迪现任全国政协委员、全国残联主席。

智慧点拨

张海迪把为社会、为人民做事,当作自己的人生目标。她的作为,得到了人民的认可和社会的尊重。也正是这样,她闪烁着共产主义光芒的崇高精神已被历史所铭记。

目标,是一个人在一定时期想要达到的目的。人生目标是人在各自不同的具体动机驱动下,所进行的自由选择,是人能动性的突出表现。然而,人生目标的确立,只存在于可能性空间中,即受自身条件和社会客观条件制约。因此,青年学生确立人生目标,要符合社会历史发展规律。

(1) 人生目标的确立要与社会需要相统一。确立目标,首先要对目标的价值做出判断。个人命运只有与国家、民族的命运相结合,生命的价值才能得以升华。青年学生应该自觉地把社会需要转化为自己的目标,建立合理目标体系。当前,我国通过改革开放实现现代化,是一项崭新的事业。在这一历史进程中,需要一大批高技能人才为之奋斗。因此,青年学生人生目标的确立要紧密结合社会发展总体目标,努力使自己成为一个紧跟时代潮流的人。

(2) 人生目标的确立要与现实可能性相统一。对于一个人来说,一个虚无缥缈的目标,一个没有实力达到的目标只能是空想或幻想。这虽然在科学上是允许的,但在现实生活中是没有意义的。很多人的失败就在于目标不现实,不能扬长避短或者是目标不清晰、太空洞等。因此,确立人生目标,不能离开自己所处的具体环境和条件。离开了实现目标的可能性,只能是盲目的自我设计。

(3) 人生目标的确立要与自身条件相统一。在确立人生目标时,目标太高,实现的可能性就太小;目标太低,其意义、价值就不大。因此,要根据自身各方面条件进行构建。总之,确立目标要考虑自身条件,全面分析,评估自己的长处,不要人云亦云、随波逐流。

案例链接

一只秃鹰飞过王宫,看见王宫中的一只黄莺十分受国王的宠爱,于是就问黄莺:"你是怎样得到国王的宠爱的?"黄莺回答说:"我到皇宫后,唱歌十分动听,国王非常喜欢听我唱歌,于是非常喜欢我,就经常拿珍珠来打扮我。"秃鹰听了,心中很是羡慕,它想:我也应该学学黄莺,这样说不定国王也会喜欢上我的。于是它就飞到国王睡觉的地方,开始叫起来。国王听了秃鹰的叫声,感到十分恐怖,就叫卫士去看看是什么东西在叫。卫士去了,回来报告说是一只秃鹰,不知道为什么在叫。国王感到十分愤怒,就吩咐卫士去把秃鹰抓了来,并命令拔光秃鹰的毛。秃鹰真是太可怜了!

议一议

秃鹰的目标为什么不能实现?

人生目标的确立和实现,从来不是关门读书、闭门思过的结果。当我们一旦确立人生目标后,应该为之全力以赴地追求,锲而不舍地努力。

1. 从我做起,从小事做起

行动是一件了不起的事情,正如英国前首相本杰明·迪斯雷利所说:

"虽然行动不一定能带来令人满意的结果，但不采取行动就绝无满意的结果可言。"现实中，每时每刻都有无数人在构思着美好未来，同时也默默地埋葬着这些美好构思。因为他们不敢行动或不能坚持行动。所以常听人说："我早就料到了，好后悔当时没那样去做。……我早就该去从事那件事情，可直到现在还没做。"由此可见，青年学生往往缺的不是理想和目标，而是实实在在的行动。要掌握扎实的专业知识技能，就要从认真听好每一节课、努力完成每次作业开始；要形成良好品德，就要从自身日常小事做起。

2. 及时调整和修正目标

经过实践的检验，我们也许会发现原定目标不一定合适，或过高或过低，这需要及时、果断地调整、重新修订目标。因为人的认识在一般情况下不可能一次完成。许多有作为、有成就的人之所以取得令人羡慕的成果，并不在于他们从来不犯错误，而在于他们能不断地修正错误。人正是在实现一个个不断变化和调整目标的进程中，变得越来越成熟。当然，修正目标只有必要时才去做，否则就会为总找不到方向而失去信心和动力。

3. 满怀信心，勇于拼搏

人生犹如一段逆风行舟的艰苦旅行，在旅途中有无数困难阻碍着你，要实现自己选择的目标绝非易事。首先，要满怀信心。对自己有信心，对自己选择的目标有信心，对自己实现目标有信心。其次，要有坚强意志。遇到外界诱惑和干扰时，有足够的自制力去抵御；遇到挫折和困难时，要勇于拼搏。最后，要有坚持到底、不达目标誓不罢休的决心和行动。切记，三分钟热度难成大事。

> 美好的前景如果没有切实的措施和工作实现它，就有成为空话的危险。
>
> ——邓小平

反馈训练

历史的发展往往与许多人的愿望相反。

"天下兴亡,匹夫有责。"

第二节　社会理想与个人理想

一、正确处理个人理想和社会理想的关系

（一）社会理想是指社会全体成员的共同理想,是全体社会占主导地位的共同奋斗目标

1. 社会理想的特点

首先,社会理想具有群体性。它不是社会中单个个体的理想,而是以群众共同意志为基础的理想。其次,社会理想具有抽象性。这是由其群体性所决定的,正因为社会理想并非是由社会中的某个个人的意愿所决定的,所以社会理想不是非常具体的某个目标(如社会生产总值翻一番等具体目标),而是如实现中华民族的富强等具有抽象性的目标。再次,社会理想具有长远性。这是由社会理想的群体性和抽象性所决定的,正因为社会理想具有群体性,所以社会理想不能抹杀任何一个个体的利益,而是应当以具体个人的利益为首要目标,正所谓众口难调,要满足社会每一个人的要求并不是一个能在短期内完成的事情,而是要在生产力极度发达的情况下才能完成。并且由于社会理想具有抽象性,而抽象性必然表现在无数的具体性之中,所以社会理想是一种具体向抽象无限趋近的运动和趋势。

2. 社会理想的作用

首先,社会理想是社会中个体与个体之间的黏合剂。由于社会的进

步与发展，人与人之间的分工越来越细化，生产关系也越来越复杂，这种生产关系所构成的经济基础决定了人与人之间会产生一定的隔阂。但是社会理想作为社会中每一个成员的共同理想，具有团结个体，为一个共同的目标奋斗的重要作用和重大意义。它能使社会中的个体暂时放下自己的个人利益，为社会的共同利益而奋斗，只有这样才能更好地保证个人利益的实现。其次，社会理想能够促进社会的进步。社会和历史发展的轨迹是一个螺旋式上升或波浪形前进的趋势。在社会历史发生曲折的时候，坚定的社会理想能够使人们明确自己的目标，看清历史发展的趋势，最终为社会理想的实现作出自己的努力和贡献，促进社会的发展和进步。最后，社会理想能帮助个人理想的实现。个人理想与社会理想有时会有冲突，但是从根本上说，只有社会理想实现了，个人理想才能更好地实现。在战争时期和物质匮乏的时期，人身安全和基本温饱都难以实现，个人理想的实现就更困难了，只有在国家富强、民族昌盛的环境中，个人理想才能更好地得以实现。

（二）个人理想是指在社会中的个人为了自身发展而对自己未来的一种谋划，是终极的人生目标

1. 个人理想的特点

首先，个人理想具有独特性。随着社会的进步，人的个性得到极大的发展，这就造成了人与人之间的差异，这种多元性反映在个人理想上就造成了个人理想的独特性，即每个人都有自己的个人理想。其次，个人理想具有具体性。由于个人理想关乎的是每个具体的活生生的人，所以个人理想都具有丰富多彩的内容。再次，个人理想具有依附性。个人理想的实现需要建立在社会理想的实现之上。

2. 个人理想的作用

首先，个人理想是促进个体进步的催化剂。只有树立了远大的个人理想，人们才能具有从事实践活动的动力。其次，个人理想的实现有助于

社会理想的实现。因为社会理想的实现最终表现为每个具体的个人理想的实现,所以只有个人理想实现了,社会理想才能真正实现。最后,个人理想也有助于社会的进步。个人理想是推动社会进步的原动力。每个人为了自己个人理想的实现,往往会进行大量的创造性实践活动,这种创造性活动促进了社会的发展和进步。

(三)社会理想与个人理想是辩证统一的关系

一方面,社会理想决定和制约个人理想,社会理想是个人理想实现的条件,违背社会理想的个人理想是无法实现的。个人理想只有与国家的前途、民族的命运相结合,只有与社会的需要、社会中大多数人的利益相符合,才可能得以实现。如果个人理想与社会理想相违背,那么由这样的个人理想所支配的实践活动与整个社会是格格不入的,甚至是损坏他人利益的。这种个人理想不但无法实现,而且是极端错误的。另一方面,个人理想体现了社会理想。社会理想包含着无数个个人理想,社会理想要靠社会成员的共同努力、一起奋斗才能实现。

社会理想以个人理想为基础,个人理想以社会理想为导向。只有结合了多数个人理想的社会理想才远大,也只有结合了社会理想的个人理想才崇高。就社会理想与个人理想的关系而言,社会理想占主导地位,因为社会理想代表了个人理想的基本方向。只有处理好社会理想与个人理想的关系,才能最终实现个人理想。只有把社会理想与个人理想结合起来,把对国家与社会的责任和贡献与满足个人的利益的具体愿望、实现个人的人生目标相统一,个人理想才能获得坚固的社会基础和强大的动力。

在现实生活中,理想是我们的精神支柱。在我们遇到困难的时候,理想能够支撑我们向前;在我们志得意满的时候,理想能够提醒我们不要满足于眼前的利益,为下一个目标继续努力;在我们生活安逸的时候,理想能让我们抛开暂时的舒适,在广阔的天地中施展拳脚。

不管是在顺境中还是在逆境中，不管是获得了成功还是遭遇了失败，理想都像一盏指路明灯，提醒我们，在人生的道路上，不能因为身处顺境或者获得了成功就停滞不前，也不能因为身处逆境或者遭遇了失败就以为未来没有希望。

理想不仅是我们的精神支柱，还是我们的力量源泉。通过对理想的追求，我们不仅可以激发自己的潜能，超越自我，而且还能完善自我，实现自我。理想是我们人生发展的最好动力。

为了树立崇高的人生理想，我们要正确理解人生理想的内涵

（1）人生理想包含共产主义的社会理想。我国是中国共产党领导下的社会主义国家，广大中职生必须树立为共产主义奋斗终生的社会理想。

（2）人生理想包含为人民服务的道德理想。中职生应当努力做一个"毫不利己、专门利人"的品德高尚的人。我国是人民当家做主的国家，一切权力属于人民。我们只有用人民赋予的权力来为人民服务的责任，而没有利用人民赋予的权力损害人民的利益谋一己之私的权利。为人民服务是共产主义理想的具体体现。要真正做到为人民服务，就要每时每刻胸中装着人民，想人民之所想，急人民之所急。

（3）人生理想包含积极向上的生活理想。所谓积极的，就是自己活着是为了使别人生活得更美好，自己的幸福生活是以别人生活得更幸福为前提。所谓向上的，就是以乐观的进取的态度对待生活中的各种问题。一个人如果害怕艰苦、贪图安逸、片面追求物质享受，就会堕落下去，甚至会走向犯罪的深渊，大量腐败分子的人生轨迹充分证实了这一点。

这三个方面的相互联系、相互统一构成了青少年的理想结构。在这一理想结构中，共产主义的社会理想是统帅和灵魂，它决定了其他两个方面的理想，而其他两个方面的理想则是共产主义的社会理想的具体化。

对于新时代的青少年而言，最为重要的个人理想就是职业理想，它是

关乎我们的人生目标能否实现的关键。职业理想是指人们对未来职业目标和工作类别的向往和选择，以及在事业上将达到何种成就的期望和追求。它是人们对未来职业生活的规划。每个中职,生的思想素质、道德观念、知识能力、家庭背景、对外界影响的接受程度不尽相同,因此也就不可能有一个统一的职业理想。有的同学选择职业时没有明确的态度,认为自己还小,凡事应该听父母的;有的同学认为找到舒服清闲、责任小、待遇高的工作就是自己的职业理想等。这些选择职业理想的态度都是不正确的。

中职生应怎样树立正确的职业理想呢？首先,在选择职业时,要用科学的世界观作为指导,一切从实际出发,实事求是地确立自己的职业理想。从实际出发,一方面是从我国现在还处于社会主义初级阶段这个实际出发。现阶段我国的许多企业科技含量还不高,而劳动强度比较大,劳动条件比较艰苦,选择职业时应该有吃苦的思想准备。另一方面是要从自身的条件这个实际出发。从中等职业学校学生的培养目标来看,中等职业学校培养出来的学生,既可以当技术员,也可以当工人,他们的具体岗位就是在第一线从事操作和技术管理的工作。因此,中职生要有到第一线去建功立业的思想。其次,自己所学的专业知识是确立职业理想的技术基础。中职生一般经过 3～4 年的专业技术知识的训练,要掌握一门专业的基本知识和技能。在确立职业理想时,应当学以致用或选择与所学专业相近的职业作为自己理想的职业。只有这样才能成为一名合格的建设者和接班人。

在新的历史时期,树立符合时代发展要求的崇高的人生理想,就是要在确立集体主义价值观主体地位的前提下,承认和引导多元价值主体的充分发展,通过社会主义民主和法制的健全,通过弘扬爱国主义和民族精神的文化凝聚力,造就一种富有时代特征的青年学生的人生理想,做到在社会发展中规划个人发展、树立人生理想,积极创造实现人生理想所必需的条件，以艰苦奋斗的精神实现自己的人生理想。

相关链接

我梦想有一天，这个国家会站立起来，真正实现其信条的真谛："我们认为这些真理是不言而喻的——人人生而平等。"

我梦想有一天，在佐治亚的红山上，昔日奴隶的儿子将能够和昔日奴隶主的儿子坐在一起，共叙兄弟情谊。

我梦想有一天，甚至连密西西比州这个正义匿迹，压迫成风，如同沙漠般的地方，也将变成自由和正义的绿洲。

我梦想有一天，我的四个孩子将在一个不是以他们的肤色，而是以他们的品格优劣来评价他们的国度里生活。

我今天有一个梦想。

我梦想有一天，亚拉巴马州能够有所改变，尽管该州州长现在仍然满口异议，反对联邦法令，但有朝一日，那里的黑人男孩和女孩将能与白人男孩和女孩情同骨肉，携手并进。

选自《我有一个梦想》，作者：马丁·路德·金

二、正确处理理想与现实的关系

理想作为一种思想观念，从它产生的那天起，就碰到现实这个对立面。不仅如此，在理想实现的道路上，现实也会作为一种必然，时刻影响、调整着理想。可以说，理想与现实的冲突，是人类面临的永恒矛盾。正确处理两者的矛盾，有助于当代青年消除在理想问题上产生的困惑和苦闷，坚定实现理想的信心和决心。

著名作家克雷洛夫有一个精彩的比喻："现实是此岸，理想是彼岸，中

间隔着湍急的河流,行动则是架在上面的桥梁。"理想来源于现实,但并不等同于现实,实践是使理想变为现实的桥梁和纽带。只有在困难和逆境中艰苦奋斗、乐观上进的人,才是实现理想的强者。

渴望把理想变为现实,自然是青年学生的内在要求。然而,让人困惑的是,理想与现实似乎总是存在着矛盾。在追求理想的过程中,总会面临诸多失败和挫折。理想与现实究竟是一种什么关系呢?

? 议一议

有人认为,理想就是理想,现实就是现实。在现实中不可能找到理想的影子,因为理想纯粹是个人主观的自我设计,人们大可不必以此来对现实社会求全责备。这种看法对吗?

（一）理想与现实是既对立又统一的关系

一方面,理想离不开现实。我们知道,理想并不是人们主观自生之物,总是立足于现有条件,以现实为基础。现实怎样,理想的内容就怎样。现实发展到什么程度,理想的内容就发展到什么程度。比如,当未获得政治上的解放时,人们便会形成政治理想,在此基础上又逐渐形成经济理想、职业理想等。另一方面,理想高于现实,是对现实的超越和升华。理想是真、善、美的结晶,然而现实本身是真、善、美与假、恶、丑并存的多元状态。科学理想对现实的反映,是对现实的扬弃和升华。然而,理想是现实的升华,并不是说理想应该等于现实。认识到这一点,我们就能避免空谈和虚无的憧憬,就会自觉地投入到实现理想的社会实践中去。

可见,理想既源于现实,又高于现实;既深深地扎根于现实之中,又超越和升华于现实之上。只有充分认识到理想与现实的这种辩证统一的关系,我们才能更好地立足现在,放眼未来,树立理想,追求理想,把自己的人生推向一个又一个的新高度、新境界。

1. 树立人生理想，不能离开现实的土壤

理想的动机来源于现实。人们在实践中之所以会产生理想，就是因为现实中存在许多不足，达不到人们的新需求，人们渴望加以改变。而这种改变的愿望和目标，就是理想。所以，理想产生于人们改变现实的需要中。如果脱离改变现实的动机，理想也就失去存在的意义。

2. 理想的元素来源于现实

理想的蓝图，是人们对未来的想象。唯物史观认为，人的任何想象活动是不可能脱离现实物质世界的。因此，无论理想的蓝图多么光彩夺目，都必然包含着现实的元素，或者说是从现实的元素中脱胎换骨而来。无论其怎样变形、改造、发展，无不打着现实的烙印。

3. 理想的可能性来自现实

任何理想要想实现，都必须符合一定科学的逻辑规律。而这种科学逻辑规律，正是在现实中经过无数次实践的检验才得以形成的。所以，只有符合现实逻辑的理想，才有实现的可能。如果脱离了现实的逻辑，则不可能实现。

综上所述，理想与现实有着千丝万缕、形式各异的关联。青年学生树立人生理想，一定要立足现实。

（二）理想的实现，需要创造条件和进行不懈的努力

1. 坚定信心、永不放弃是实现理想的必要条件

追求理想的道路是曲折的，会遇到很多艰难险阻。有时甚至让人产生"山重水复疑无路"的迷惑感。如果我们先从精神上气馁了，那么理想也就无法实现。只有树立必胜的信念，战胜困难，理想才会变成现实。

> 作为一个青年，对社会和时代最大的责任是什么呢？就今天的形势而言，莫过于学习了。
>
> ——高士其

爱迪生发明电灯,为了找到适合做灯丝的材料,他前后共进行了5万多次实验。实际上也就是经历了5万多次的失败。最后,他终于找到了理想的灯丝材料,实现了创造光明的理想。如果他对自己的事业和追求没有毕生的信心和坚定的信念,是不可能以如此惊人的毅力和恒心去进行如此繁多的科学实验的。

对于青年学生而言,树立崇高的理想不成问题。问题的关键在于不能正确面对追求理想过程中所遇到的挫折和失败,往往容易丧失信心,半途而废。

2. 艰苦奋斗是实现理想的重要途径

中华民族向来就具有勤劳勇敢、艰苦奋斗的优良品质。尤其是20世纪上半叶以来,在追求民族解放和独立的伟大事业中,艰苦奋斗精神在我们党和人民中得到发扬光大,形成了以井冈山精神、长征精神、延安精神、南泥湾精神、大庆精神等为具体表现形态的优良革命传统,使革命事业的伟大理想得以顺利实现。由此,我们应该认识到,任何一项伟大事业,都是在艰苦奋斗中造就的;任何一位杰出有成就的人,也都是在艰苦奋斗中成长起来的。没有艰苦奋斗的精神,理想是不可能自动变成现实的。青年学生肩负着建设有中国特色社会主义的历史重任,要实现这一崇高理想,更应该培养艰苦奋斗的品质。

议一议

"时代不同了,艰苦奋斗是老一辈的事,当代青年不需要艰苦奋斗"这种观点,对吗?

艰苦奋斗的要求是多方面、具体的。对我们来说,艰苦奋斗表现在日常生活中,就是提倡艰苦朴素、勤俭节约,反对享乐主义思想和作风;表现在学习上,就是刻苦学习,不畏艰难,勇攀高峰,孜孜不倦地学习和掌握专业知识,不断提高自己的科学文化水平;表现在未来工作中,就是要自力更生,自强不息,不避艰险地去完成各项任务。总之,只有把艰苦奋斗精神贯穿在自己人生的各个方面,才能有所作为,才能实现理想。

3. 从我做起,从现在做起,从平凡工作做起,是实现理想的基本条件

古人云,"千里之行,始于足下"。

理想在远方,但是起点就在脚下,包含在平时生活和学习的每一个具体细节中,也包含在每一个平凡的工作岗位上。当代青年应该从我做起,充分发挥自己的主观能动性,把奋斗精神、积极态度和科学方法结合起来,依靠自己的力量去努力创造、不懈追求。从现在做起,珍惜时间,把握好今天。"明日复明日,明日何其多? 我生待明日,万事成蹉跎",这是古人对做事放弃现在、推托明日者语重心长的劝诫,每个青年应该从中得到启发。从平凡岗位做起,从身边小事做起。只要我们用心用智慧去做好每一件事,平凡岗位上也能作出不朽业绩。

有一位老人,专门从事从小岛到大陆的摆渡工作,干了一辈子。无论是酷暑寒冬,还是风霜雪雨,老人周而复始,从不停歇。

一天,一位细心的乘客发现,在老人的一只桨上,刻着"工作"两个字,而在另一只桨上,则刻着"理想"两个字,便向老人讨教。

老人笑了笑,回答道:"我给你演示一下看看。"说完,老人放下一只桨,只用刻着"工作"的那只桨划水,船在水中转了一圈。然后,老人又捡起"理想",放下"工作",划了起来。小船调了一个方向,在水中又转了一个圈。最后,老人同时拿起"理想"和"工作"两只桨,用力划动,小船快速向前驶去。老人对年轻人意味深长地说:"明白了吧,划船就如同人生,'理想'和'工作'两只桨同时划动,才能顺利划到彼岸;如果只剩了一只,就只能永远在原地转圈了。"

上面这个故事告诉我们,理想和工作(实践)就像一艘船的两只桨一样,缺一不可。只有将两者巧妙地同时划动,才能保证快速前行、到达彼岸,否则就会原地打转、一事无成。

因此,想要实现崇高的理想,要从我做起,从现在做起,从平凡的工作做起。雄心壮志需要有步骤,一步步地踏踏实实地去实现,一步一个脚印。与其在夕阳西下的时候做美妙的幻想,不如在旭日东升之际勤奋投入工作;与其在垂暮之年因理想未能实现而懊悔不已,不如乘风华正茂之时躬身实践、奋斗不止。一句话,实践是理想、志向得以成为现实的必经途径。

> 伟大的成功和辛勤劳动是成正比例的,有一分劳动就有一分收获,日积月累,从少到多,奇迹就可以创造出来。
>
> ——鲁　迅

总而言之,通往理想的路不是一定的,但一定是靠自己一步步走出来的。只要我们抓住每一寸光阴,重视每一个细节,立足现在,脚踏实地的前进,理想最终一定会得以实现。

第三节　理想信念与意志责任

案例链接

美国有一个少年叫斯克劳斯,他的母亲是个小裁缝。受母亲的影响,他自幼就喜欢时装。尽管家庭非常贫困,但阻止不了斯克劳斯对于成为一名出色的时装设计师的向往。斯克劳斯常常将母亲裁剪后的下脚料拿来，东拼西凑地做成各种各样的小衣服。有一天，斯克劳斯竟然将父亲从自家凉棚上拆下来的废棚布捡来，做成了一件衣服，当邻居们看见他穿着这件衣服走来走去，都说他简直是疯了。

斯克劳斯的母亲见儿子沉迷于服装设计，就鼓励儿子向时装大师戴维斯请教，她希望自己的儿子能成为像戴维斯一样成功的时装设计师。那一年斯克劳斯只有１８岁，他带着自己设计的粗布衣服来到了戴维斯的时装设计公司。当公司的员工们看到斯克劳斯设计的衣服时，忍不住哄堂大笑，这样粗劣的布料怎么能用来做衣服呢？可是戴维斯却将斯克劳斯留了下来。

在戴维斯的鼓励、帮助下，斯克劳斯设计出了大量用粗布制成的衣服。他试着将那些粗布衣服运往非洲，销给那里的劳工们。由于粗布衣服价格低廉、耐磨，居然很受劳工们的欢迎。很快衣服销售一空。斯克劳斯又设计出了多种款式，人们惊奇地发现，这样的衣服穿在身上不但随意，而且别具风格，不分季节、不分年龄，所有人都可以穿。一时间，斯克劳斯设计的粗布衣成为流行的时尚，穿的人越来越多。如今这种粗布衣服已风靡全球，那就是以斯克劳斯与戴维斯为品牌的牛仔服 Levi's。

理想是我们在深思熟虑之后所决定的人生方向。成功的人之所以成功，在于他们能勇敢地制定理想，并坚持着实现它。信念坚定者既不会因为别人的说三道四、闲言碎语而动摇，因权势的威逼利诱而屈服，也不会因为在现实面前碰了壁而退缩。

有的人觉得理想离实际太遥远，实现起来太艰难，就不屑于去制定理想。这种想法是错误的。理想就像天上的启明星，让我们在迷茫中找回自我，让我们在犯错中及时警醒，它不仅仅是奋斗的目标，更是一种生活态度。所以说，信念坚定的人，在实现理想的过程中，面对挫折没有抱怨，面对嘲笑不会放弃，只会一心向着理想目标奋进，这才是成大事者的真谛。

一、人生理想与信念

（一）理想和信念的关系

理想和信念之间存在着既相区别又相联系的关系。理想是符合客观实际的、对人生未来发展的设计和想象，是人生的奋斗目标。信念是人们在一定的认识基础上，对某种思想理论、学说和理想所抱的坚定不移的观念和真诚信服与坚决执行的态度。理想体现着一个人的信念和追求，而信念则是对理想的支持。没有信念，理想就可能发生动摇，或者缺乏实现理想的信心和决心，也就无法使理想转化为行动，即使在某一时期转化为行动，也会因遇到某种困难或挫折而不能坚持下去。

案例链接

布鲁诺是意大利文艺复兴时期伟大的思想家、自然科学家、文学家和哲学家。他对神学家们所宣传的教义持否定态度，勇敢地反对托勒密的地心说，捍卫和发展了哥白尼的日心说，并写了一些批评《圣经》的论文。布鲁诺的言行触怒了教廷，因此被革除教籍。但布鲁诺仍毫不动摇坚持自己的观点。在天主教会的眼里，布鲁诺是极端有害的"异端"和十恶不赦的敌人。他们施展阴谋诡计，收买布鲁诺的朋友，将布鲁诺诱骗回国，并于 1592 年 5 月 23 日逮捕了他，把他囚禁在宗教裁判所的监狱里。刽子手们的严刑并没有让布鲁诺屈服，他说："高加索的冰川也不会冷却我心头的火焰，即使像塞尔维特那样被烧死也不反悔。"他还说："为真理而斗争是人生最大的快乐。"经过 8 年的残酷折磨，布鲁诺被判为火刑。1600 年 2 月 17 日凌晨，布鲁诺被绑在罗马鲜花广场中央的火刑柱上，他向围观的人们庄严地宣布："黑暗即将过去，黎明即将来临，真理终将战胜邪恶!"最后他高呼:"火,不能征服我,未来的世界会了解我,会知道我的价值!"刽子手用木塞堵上了他的嘴,然后点燃了烈火。布鲁诺在熊熊燃烧的烈火中英雄就义。

议一议

这是一个很悲壮的故事,你从这个故事中受到了什么启示?

（二）理想信念对人生的作用

人的生命是有限的,要使有限的生命更有意义,就必须使人生具有明确的奋斗目标,就必须具有达到人生目标的坚定信念。

> 理想是指路明灯,没有理想,就没有坚定的方向,而没有方向,就没有生活。
>
> ——托尔斯泰

1. 理想信念是人生的方向指南

人生就像一只小船,人生征途就像茫茫大海,而人生理想信念就是大海行船指引方向的指南针,是航船前进时的灯塔。茫茫大海有迷雾回流,人生征途有暗礁险滩。如果没有崇高的理想和坚定的信念,人生就像没有舵的小船,看不到充满希望的海岸,也像茫茫沙漠中的迷路人找不到走出无际沙漠的生命之路。

案例链接

电影《大浪淘沙》中描写的大革命时期四个结为兄弟的年轻人,他们是同乡挚友。但是在革命浪潮的冲击下,他们却分道扬镳,一个参加了共产党献身革命;一个投靠国民党反动派,成了革命的叛徒;一个在严酷的斗争面前害怕流血,脱离革命寻找"避风港"去了。为什么他们走了不同的道路呢? 就是因为他们的理想不同,志向不同。这就说明了理想是决定人生方向的。有什么样的理想就必然有什么样的人生道路,这是任何人都逃脱不了的客观规律。

议一议

电影《大浪淘沙》中描写的四个年轻人为什么会走上不同的人生路?

> 咬定青山不放松,立根原在破岩中。千磨万击还坚劲,任尔东西南北风。
>
> ——郑板桥

2. 理想信念是人生的精神支柱

理想信念能够坚定人生脊梁,是人生发展的精神支柱。人生发展并非一路凯歌,在人生发展过程中,既有阳光也有阴雨,既有成功也有失败。具有崇高人生理想和坚定信念的人能够在阴雨中透视阳光,在暂时的失败中把握成功,能够经得起风雨的洗礼和失败的考验,能够为了追求真理、实践真理、发展真理而贡献出自己的一切。

案例链接

2010 年度国家最高科学技术奖获得者、"两院"院士师昌绪经常对青年科技人员说:"作为一个中国人,就要对中国作出贡献,这是人生的第一要义。"他在接受央视记者采访时说:"一辈子最大的理想就是使祖国强大,正是这一理想激励自己在科研道路上攻克一个又一个难关,为祖国科技事业发展作出了应有的贡献。"

师昌绪是这样说的,也是这样做的。他不计较个人得失,不畏惧艰难险阻,勇挑重担,奋斗不息。20世纪60年代初,美国研制出铸造空心涡轮叶片,大幅度提高了航空发动机的性能,我国也提出要制造铸造空心涡轮叶片。但很多人认为这种技术受到美国严格封锁,中国人想要制造出来是异想天开。师昌绪主动请缨,他说:"只要肯做,就一定能做出来。"当时有人劝师昌绪不要啃这块"硬骨头",免得下不了台。但不服输的师昌绪回答说:"只要国家需要,困难再大也要干!"于是,由师昌绪挂帅,成立了专门的项目组。他和大家怀着"让祖国强大"的抱负和情怀,攻克了重重难关,终于研制出中国第一代铸造多孔空心叶片,使我国成为世界上第二个能研制这种叶片的国家。

议一议

师昌绪院士为什么能够为祖国科技事业的发展作出杰出的贡献?应当怎么向师昌绪院士学习?

3. 理想信念是人生的力量源泉

理想信念能够激励人生发展的行为,理想信念是人生发展的旗帜,包含着人生发展的目标,体现着人生的价值,对人们具有极强的诱惑力和极大的感召力,使人们能够以极大的热情拥抱未来,以积极的行动创造未来。一个具有远大理想和坚定信念的人,能够为了实现自己的人生目标迸发出无尽的力量,创造出常人不可想象的奇迹;相反,一个没有理想抱负和信念缺失的人,由于他的生活中缺少明确的奋斗目标,因而,他的一生必然在碌碌无为、空虚无聊中度过。

达尔文的父亲是一位著名的医生，他希望自己的儿子能够继承自己的事业。可是，达尔文无心学医，进入医学院后，他经常去收集动植物标本，父亲对他无可奈何，又把他送进神学院，希望他将来当一名牧师。然而，达尔文的兴趣也不在神学上。达尔文有自己的理想，他9岁的时候就对父亲说："我想世界上肯定还有许多未被人们发现的奥秘，我将来要周游世界，进行实地考察。"为此，达尔文一直在积极准备。1831年12月27日，达尔文终于搭上了"贝格尔"战舰，开始了环球生物考察，经过5年的时间，他在动植物和地质等方面进行了大量的观察和采集，回国后又做了近20年的实验，终于在1859年出版了震撼学术界的《物种起源》一书。书中提出的"物竞天择，适者生存"进化论学说，不仅说明了物种是可变的，对生物适应性也作了正确的解说，而且还摧毁了唯心主义的神学目的论和形而上学的物种不变论。

4. 理想信念有利于提高人的思想道德境界

人的思想道德境界既是在人的道德实践中形成、发展的，又是思想道德修养的结果。一般来说，人的思想道德所达到的境界往往与人的理想信念追求有正相关的关系。人们的理想目标越崇高，信念越坚定，思想道德境界往往越高尚。一个国家，一个民族，只有树立崇高的理想信念，才可能兴旺发达。一个青年，只有把个人理想信念与社会理想信念紧密相连，个人的发展才有可靠保证，才能摆脱个人的狭小天地，逐步树立起以集体主义为核心的道德观，成为一个有益于社会、有益于国家、有益于人民的人。

《学习雷锋好榜样》这支歌被中国人传唱了将近半个世纪。雷锋之所以能成为道德的楷模，是因为他深深懂得"怎样做人，为谁活着"。崇高的共产主义理想使雷锋在全心全意为人民服务的实践中形成了"艰苦朴素勤俭节约的奋斗精神，意志坚定斗志昂扬的进取精神，热爱祖国为国奉献的民族精神，关心战友互相帮助的友爱精神，努力学习刻苦钻研的钉子精神，忠于人民忠于党的无私精神，以及爱憎分明敢爱敢恨的阶级意识"。雷锋精神是我们最宝贵的精神财富，也是激励我们人生发展的强大力量。

为了使自己成为一个有益于祖国、有益于社会的人，请制订一个向雷锋学习的行动计划。

社会发展的客观需要，是人生发展的外在动力。这个外在动力能否驱动人生的发展，关键在于它能否转化为人生需要这一内在的动力。只有理想之光才能点燃人生需要之火。理想作为人生的精神力量，它将促使每一个青年群体和个体在改造客观世界的同时自觉地改造主观世界，使人的思想道德在实践中逐步升华，在社会发展进程中完善自我。

（三）努力奋斗拼搏，实现人生理想

理想是我们每个人心中的奋斗目标，有了理想，人生才有了方向；有了理想，人们才有可能获取成功。要使理想成为现实，需要我们自己的努力，只有朝着自己的理想不断努力，不断奋斗，理想最终才会实现。一个人的理想不论有多么远大，多么美好，如果只是说说，不付诸实际行动，那只能是一种"空想"。

实现人生理想需要具备多方面的条件：第一，要努力学习马克思主义的理论，树立科学的世界观、人生观和价值观。在我国新的历史时期，要努力学习中国特色社会主义理论，了解中国特色，掌握基本路线，明确奋斗方向。第二，要坚定共产主义信念，把自己的人生发展同整个社会的发展紧密地联系在一起，把自己的命运同整个人类的命运联系在一起。第三，要有坚强的意志，要具备勇攀高峰、矢志不渝、知难而进、百折不挠的心理品质。第四，要有责任意识，勇于承担、敢于负责、忠于职守、事不避难，把"鞠躬尽瘁，死而后已"、"先天下之忧而忧，后天下之乐而乐"、"苟利国家生死以，岂因祸福避趋之"、"天下兴亡，匹夫有责"这些古训作为自己的座右铭。第五，要学习科学技术知识，努力用人类创造的全部知识财富丰富自己的头脑,提高人生行动的实际能力。

实现人生理想,最重要的是要积极行动起来,"从现在做起,从平凡的工作做起",抓住"今天",把握"现在",积极投身社会实践,保持奋发向上、朝气蓬勃的精神状态,发扬艰苦奋斗的精神,养成艰苦朴素的生活作风,树立正确劳动态度,充分发挥自己的智慧、才干,搞好自己的学习,做好自己的工作。

"人的一生只有三天——昨天、今天和明天。昨天已经逝去,并将永不复返;今天正和你在一起,但很快也会逝去;明天还未来到。"这是夏威夷岛中学生上课前的祷词,是一种富有哲理的时间观念。

昨天逝去,你可能在懊悔,没有把握住昨天,但在你的懊悔中,今天也即将逝去。印度诗人泰戈尔曾经说过:"当错过太阳时,你在哭泣,那么你也会错过月亮、星星。"所以不要停留在过去的回忆上,而把握今天,把握现在才是最重要的。

每一天都有该做的事。也许有些人会认为,还有明天,不急。其实,明天也有明天该做的事情,如果总是等待明天,要做的事情也将越来越多,甚至永远也做不完。把握今天,把握现在,不要让时间流逝在毫无意义的事情上。

光阴似箭,日月如梭。时间不会等人,所以我们要追逐时间,跟上它的脚步。明天还未来到,所以我们不仅要完成今天的事情,还要为明天的事情作出周密的计划,不浪费时间。

珍惜时间却是每个人都要做到的,珍惜时间就是珍惜自己的生命。人的一生没有回程票,爱惜时间,可以最大限度地发掘自我生命的潜力。人们为自己的理想而奋斗,理想并不是那么容易实现的,需要我们总结昨天,把握今天,创造明天。

认真思考自己的昨天是怎样的,为什么? 你又是怎样把握今天,追求明天的?

二、人生理想与意志

（一）意志对实现理想的作用

意志是人类所特有的心理现象,是人的意识能动性的集中体现。人的心理是在人的实践活动中形成的。在实践活动中,人们不仅能够产生对客观事物的认识,形成各种各样的情感体验,而且还可以有目的、有计划地改造客观世界。在认识和改造客观世界的过程中,人们不断地克服困难,坚定自己的信心,并且不断地锻炼自己的意志品质。实现预定目的的过程也是人的意志形成的过程。

意志总是和人的行动联系在一起,并体现在人的行动过程中。意志调节、支配行动,并通过行动表现出来,如学生为了争取优异成绩而刻苦学习,体育健儿为了祖国的荣誉而顽强拼搏,科学工作者为科学研究而夜以继日地工作等,都是人们意志的体现。

明确的目的性以及与克服困难相联系是意志的两个最明显的特征。一般说来,目的越恰当、越明确,目的的社会价值越大,则意志行动的水平也就越高。实现理想过程中会面临着一系列困难,克服困难体现着意志的作用。意志发挥作用的过程就是克服内部困难和外部困难的过程。内部困难是指人在意志行动时,自身所出现的相反的要求和愿望,即所谓内部矛盾。外部困难是指人在进行意志行动时所遇到的客观环境中的阻碍。一般说来,人在意志行动中克服的困难越大,则说明人的意志越坚强。

意志是人的行动的动力因素,是意识的能动性和积极性的集中体现,在人的活动中具有巨大的作用。意志在活动中的功能主要有发动和制止两个方面。发动功能表现为激励和推动人们去从事达到预定目的所必需的行动,制止功能则表现为抑制和阻止不符合预定目标的行动。

意志是人们学好文化知识,攀登科学高峰,发展智力的重要心理条件。一个人意志水平的高低和意志品质的好坏,对于人的学习和人的智力的发展都有重大的影响。人们在从事各种认识活动时,特别是在进行系统的学习和独创性的研究时,总会遇到一些困难,经历许多失败。如果没有百折不挠、矢志不渝的顽强意志是很难长久坚持和最终获胜的。

> 在科学的征途上,是没有平坦的大路可走的,只有不畏艰险,沿着崎岖的小路攀登的人,才有希望到达光辉的顶点。
>
> ——马克思

意志也是人们控制情绪与情感的巨大心理动力。实验证明,意志薄弱的人往往会被消极情绪所压倒,使行动半途而废;只有意志坚强的人才可以控制自己的情绪,克服消极情绪的干扰,把意志行动进行到底。

意志还是造就坚强性格和完美个性的重要心理条件。意志对人的整个个性的形成和发展具有重要的作用。古人说得好:"夫志,气之帅也。"可见,意志不仅是一种心理过程,同时又是一种个性心理特征。爱迪生说过:"伟大人物最明显的标志就是他坚强的意志。"事实一再表明,一个人良好的性格和非凡的才能,不仅以顽强的意志品质为其形成的基础,而且顽强的意志又是构成其性格的核心成分。总之,意志在人的工作、学习和生活中都有重要的作用。完全有理由说它是一个人成事、成才和成人的关键。无数的事实也都证明了这一点。"志不立,天下无事可成","有志者,事竟成",这已成了一条颠扑不破的真理。

(二)培养坚强的意志

在现实生活中,人应当如何培养自己的意志品质呢?培养意志品质需要注意以下几点:

1. 明确学习目的,树立崇高的理想

目标越明确,理想越崇高,越能引导人奋勇向前。彷徨总是和迷失联系在一起的。

2. 勇于与困难作斗争

意志是在克服困难中表现出来的，同时又是在克服困难的过程中形成的。经常为自己提供困难的情境，使自己置身于困难面前，并以顽强的毅力和必胜的信心去克服所面临的困难，是磨练意志的一种良好的办法。"明知山有虎，偏向虎山行"，说的就是这一道理。人克服的困难愈多，其志愈坚，再遇到其他的困难、坎坷也就不会再有畏惧的情绪了。

3. 针对自己的意志类型，采取不同的锻炼措施

如果自己是执拗、顽固的人，则应注意培养自己行为的目的性和原则性；如果自己是胆小犹豫的人，则应注意培养自己大胆、勇敢和果断的品质；如果自己是轻率盲动的人则要注意培养自己沉着、耐心的习惯；如果自己是任性，缺乏自制的人，则要注意提高自己控制和掌握自身行为的能力；如果自己缺乏毅力，则要注意培养自己坚持不懈，不达目的誓不罢休的品质。

4. 养成自觉遵守纪律的习惯，加强意志的自我磨练

人的意志品质的形成，不仅要受到周围人的影响，更主要的是与自我修养有直接关系的。养成自觉遵守纪律的习惯，容易使人消除不良习惯的影响。经常性的自我反省、自我检查、自我评价、自我鼓励是人的意志品质形成的重要条件。

> 告诉你们使我达到目标的奥妙吧，我唯一的力量就是我的坚持精神。
>
> ——巴斯德

意志自我磨砺的途径是多种多样的。例如，经常用榜样、名言、格言检查自己、鼓励自己；经常注意同先进人物进行比较，明确差距，奋起直

追;注意在生活中严格要求自己等。青年正是养成和磨练优秀品质和坚强性格的时期,为此一定要严格要求自己,努力养成坚强的意志品质,只有如此,才能坚持自己的理想,为实现自己的理想而不懈奋斗。

著名教育家刘佛年说过:"科学家所以有成就,有才能是一方面,意志坚强也是一方面。要培养学生这种意志力,他将来才会有成就。"一部科技史就是一部与挫折、失败斗争的历史。法拉第说:"就是最成功的科学家,在他每十个希望和初步结论中,能实现的也不到一个。"在挫折和失败面前,只有两条路可走:一条是坚持下去,达到成功;另一条是退缩下来,承认失败。真正的成功者走的是第一条路。坚强的意志是战胜失败、走向成功的力量源泉。狄更斯说:"顽强的毅力可以征服世界上任何一座高峰。"顽强的意志是成功者的典型性格。

古今中外,取得成就的人大都经历过坎坷、不幸、痛苦与磨难的考验。他们以惊人的勇气和毅力,承受过一般人无法承受的种种磨难。面对事业上的挫折、生理上的疾病、心理上的折磨、生活中的困苦与不幸,他们没有沮丧,没有退缩,而是咬紧牙关奋力抗争。不懈地拼搏,终于取得成功,为人类的文明和社会的进步作出了卓越的贡献。

？议一议

反思自己的意志品质是怎样的？你打算怎样培养自己的意志品质？

三、人生理想与责任

(一) 责任与理想相联系

一切追求进步的人都有自己的理想信念,而理想信念与责任相互关联。责任就是分内应做之事,也就是承担应当承担的任务,完成应当完成的使命,做好应当做好的工作。责任有丰富的内涵,可以从不同层次、不同形式来区分，也可以从不同领域、不同角度去认识。责任无处不在，存在于生命的每一个阶段，作用于社会的每一领域。父母养儿育女，儿女赡养父母，老师教书育人，学生尊师好学，医生救死扶伤，军人保家卫国等，都是不可推卸的责任。

人在社会中生存，就必然要对自己、家庭、集体、祖国承担并履行一定的责任。责任有不同的范畴，如家庭责任、职业责任、社会责任、领导责任等。

责任是一种客观需要，也是一种主观追求；是自律，也是律人。一切追求文明和进步的人们，应该基于自己的良知、信念、觉悟，自觉自愿地履行责任，为国家、为社会、为他人作出自己的奉献。责任和权利是对应的统一的。

责任是一种义务，有了义务才有权利。享有一定的权利，必须负起相应的责任；负起一定责任，才能享有相应的权利。

（二）实现理想必须有强烈的社会责任感

一个人要实现自己的理想就必须具有很强的自觉意识，而社会责任感正是这种自觉意识的体现，是青年行为导向系统的核心因素，它是指导、控制和调节青年一代的社会行为，也是影响中华民族伟大复兴的决定性因素。

深度拓展

梁启超先生在他的《少年中国说》一文中说道："今日之责任，不在他人，而全在我少年。少年智则国智，少年富则国富，少年强则国强，少年独立则国独立，少年自由则国自由，少年进步则国进步，少年胜于欧洲，则国胜于欧洲，少年雄于地球，则国雄于地球。"如此激昂的文字，道出了青年一代对国家的重要意义，更道出了青年一代应当承担起的国家富强、民族振兴的社会责任。今天的中国，虽已不再是千疮百孔、满目疮痍，然而这并不意味着当代青年不需再有社会责任感。一个民族欲永远进步而不衰，一个国家要久立于世界而不倒，就需要青年一辈志存高远，担当起自己的社会责任。

青年是祖国的未来，增强社会责任感也是当代青年的不可推卸责任。青年人要增强自己的社会责任感，首先，要树立远大理想。责任感淡化的实质就是缺乏理想。所以，要强化自己的责任感，把个人理想融入中华民族复兴的社会理想中去。在新的历史条件下，我们应当根据时代的发展变化，树立科学的世界观和人生观，明确意识自身所肩负着重大的历史责任，投身到伟大的实践中去，把个人的抱负和理想与祖国的强大和民族复兴大业结合起来，承担起伟大的历史责任，在实践中贡献自己的聪明才智，在实践中实现自己的理想。

其次，加强自身的思想道德修养。要使自己的社会责任观念转化为发自内心的自觉行为，最好的途径就是加强自己的思想道德修养。通过思想道德修养，使社会道德规范和要求转化为个人直接的道德需要和要求，使社会准则转化为个人准则，才能有发自内心的、自觉的道德行为，在履行责任时，才能形成正确的责任动机，增强履行责任的坚强意志，有效地促进社会责任感的形成。

再次，积极参加社会实践。社会实践是青年人磨练意志、砥砺品格的重要方式。青年学生应该走出校园、深入社会，在实践的大课堂中了解社会，认识国情，加深对书本知识更深刻的理解和体会，在思想上尊重群众、感情上贴近群众、行动上服务群众，自觉走与人民群众相结合的道路。通过接触社会，了解国情、民意，正确把握社会现象、社会发展的本质和主流，使自己的责任感不断得到强化和升华。

第五章

在社会中发展自我，创造人生价值

第一节　人的本质与利己利他

案例链接

"2008 感动中国年度人物"中，有一位名叫武文斌的战士，2002 年 12 月，他入伍到"铁军"——"叶挺独立团"。2005 年 7 月，考入解放军信息工程大学测绘学院，两年后回到所在师的炮兵指挥连实习。本来，在 2008 年 7 月，他会顺利毕业，成为一名前途无量的年轻军官。但是就在 6 月 18 日那一天，他却光荣地牺牲了，年仅 26 岁。

2008 年 5 月 12 日。汶川大地震发生后。部队接到紧急赶赴四川地震灾区抗震救灾的命令。武文斌原本被连队安排留在了后方。但是他主动请战。坚决要求到一线去。部队到达灾区后，他和战友们废寝忘食、日夜奋战。他们翻过 3 座险情不断的大山。走遍了都江堰市玉堂镇的 12 个村 7 816 户人家，为受灾群众及时送上了食品和饮用水。为了搜救失事直升机，武文斌不畏山高路险，走在最前面进行探路。有几次因为道路太湿滑险些滚下山，所幸的是被树木挡住了。在灾后安置重建的过程中，他一个人干几个人的活，多次负伤。但他毫不在意，继续忘我地投入到工作中。

6月14日,连队在都江堰市勤俭小区受灾群众安置点卸载活动房板材,武文斌和战友们连续卸了14车。17日傍晚,在受灾群众安置点辛苦工作了一天的武文斌和连队70多名战友一起,冒雨再次执行8车活动房板材的卸载任务。干完活后,连队的领导让他休息。但他却又去帮助别的连队卸车。晚上9点左右,因过度劳累,武文斌在胥家镇救灾现场累倒了。最终因肺部大出血,抢救无效,英勇牺牲。

"我们一定要多救人,才无愧身上的这身军装。"武文斌曾对战友们说。在参与抗震救灾的32个日日夜夜,他总是自己找活、抢活,干完分内的事,就去帮助别的班、别的连队,拦也拦不住。他身上的迷彩服总是湿了又干,干了又湿。战友们说,他的心里装的全是灾区群众。

感动中国组委会授予武文斌的颁奖词是这样的:山崩地裂之时,绿色的迷彩撑起了生命的希望。他竖起了旗帜,自己却悄然倒下,在那灾难的黑色背景下,他26岁的青春,是最亮的那束光。

一、人的本质是社会属性

古往今来,众说纷纭。马克思主义认为,要揭示人的本质,首先要了解人所具有的自然属性和社会属性,明确人与动物的联系及其本质区别。

（一）人具有多种多样的属性

人具有多种多样的属性,如有欲望,有理性,会思考,能制造工具,能从事劳动等。概括起来,人的属性可分为两大类:即自然属性和社会属性。人的自然属性是指人在生物学方面的特点,即人具有的类似动物的身体结构和自然本能。它是人类得以生存和延续的前提条件。人的自然属性表现在:第一,人是自然界的一部分,人的生存离不开自然界。第二,人要在自然界生存和发展,总是受到自然规律的制约。第三,人与动物一样,也有食欲、性欲、求生等自然欲求。

人的社会性是指人在社会生活方面的特点。它构成人与动物最本质的区别。人的社会属性主要表现在以下三个方面：第一，人是社会的产物。马克思主义哲学认为，人不是神或上帝创造的，而是由动物进化而来的。社会性劳动在人和人类社会的形成中起了决定性的作用，劳动创造了人本身。第二，人的生产活动具有社会性。人们为了生存和发展，不断地从事物质资料的生产活动，而生产活动只能在一定的社会关系中才能进行，它离不开人们对生产资料的占有关系、交换关系、分配关系、消费关系和协作关系。同时，生产活动又是随着社会的发展而发展的。因此说，生产活动是社会性的活动，从事生产的人只能是处在一定社会关系中的社会的人。第三，人的生活具有社会性。人的生存不仅依赖于自然界，而且也依赖于社会，任何一个现实的、具体的人都处于多种多样的社会生活中，也总是在一定的社会关系中去参与社会生活，人要生存和发展，有物质生活和精神生活的多种需求，这些需要的满足，单纯依靠个人是无法满足的，也必须依赖于社会。

人的爪牙之利不及虎豹，四肢之健不及麋鹿，耳目之敏不及鹰兔，潜水挖洞不及鱼鼠。所以。从个体意义而言，人是最难以独立生存的生物，脱离了社会的人，不仅不能在动物界称雄，而且连躲避灾害的本领也十分低下，脱离社会的人不是被豺狼虎豹吞噬，就会被自然界所淘汰。

鲁迅说："田园诗人陶渊明如果没有劳动人民供他吃穿住用，那他就不但没有酒喝，而且也没有饭吃，只能饿死东篱旁边，哪里还能吟出什么'采菊东篱下，悠然见南山'的诗句？"

> 人的本质不是单个人所固有的抽象物，在其现实性上，它是一切社会关系的总和。
>
> ——马克思

一般来说每个人都生活在一定的社会环境中，都有自己的家乡亲人、同学、朋友,都从事一定的职业活动。在社会生活中,人们的活动必然要受到国家的经济、政治、法律、道德、文化的影响和制约。在这些关系的影响下,必然会从一个自然人发展成为掌握一定文化、拥有一定能力、参与一定的社会生活、扮演多种角色的社会人。因此,任何人都生活在一定的社会关系中,人的生活具有社会性。

(二)社会属性是人类最主要、最根本的属性

从根本上讲,人之所以为人,不在于人的自然属性,而在于社会属性。人的本质不是由人的自然属性决定的,而是由社会属性决定的。

社会性揭示了人区别于其他动物的特殊本质,是人类特有的属性。人的本质指的是人与动物相区别的根本特征。人的自然属性是人与动物的相似之处,这一属性不能将人与动物区分开来,只有社会属性才能使人成其为人。生产劳动是人与动物的本质区别,而在生产劳动基础上形成的各种社会关系,既把人与动物区别开来,又把不同时代、不同社会制度、不同阶级和阶层的人区别开来了。

人的社会性制约着人的自然性。作为社会动物的人所具有的自然属性都渗透着社会性,也就是说人的自然属性已经不再是单纯生物意义上的自然属性,而是受过社会影响的"人化"了的自然属性,渗透着深刻的社会内容。人的自然属性受社会性的制约,具有鲜明的社会色彩。例如,人和动物都有食欲,但人的吃喝不只是为了充饥,而且包含了饮食文化、社会交往的内涵;人和动物都有繁衍的需要,但人的繁衍需要的满足是在婚姻制度中实现的,而婚姻制度又受制于社会制度;趋利避害的自然本能,对人来说,也不仅仅是为了求生存,还包含着法律、伦理、道德的因素。

？ 议一议

孟子认为"人性本善",荀子认为"人性本恶"。你怎么理解他们的

观点？

总之，人既具有自然属性，又具有社会属性，只有社会属性揭示了人类区别于动物的特殊本质，并制约着人的自然属性，因而社会属性是人的本质属性。

人的一生就是在社会中生活、实践的一生。人生需要回答和处理的问题很多，在诸多的问题中，个人和社会的关系问题是人生首先要回答、任何人也无法回避的问题。对它的不同回答和处理，关系到人对人生的根本看法和态度，是区分不同人生观的主要标志。

二、正确处理个人与社会的关系

马克思主义认为，个人与社会之间的关系是辩证统一的关系。一方面，个人与社会相互依存，密不可分。个人离不开社会。人要生存，就必须进行物质资料的生产活动，在生产过程中，必须结成一定的生产关系，并因此而发生同社会的种种关系。社会不但为个人提供了物质生活、精神生活所必需的消费资料，同时还为个人才能的发挥、自我价值的实现提供了条件和舞台。社会离不开个人。社会是由个人组成的，社会的物质财富和精神财富是由千百万体力劳动者和脑力劳动者创造出来的；社会的文明和进步，社会的管理，都离不开社会中的每个人。另一方面，个人与社会相互区别，不能等同。个人与社会相比较，社会是根本，起着决定作用。个人与社会的关系是人生道路上的基本关系，正确处理个人与社会的关系，要求我们做到以下四点。

（一）尊重自己的价值，相信自己的能力

每一个来到世间的人，都是生命的奇迹，都是社会的主人，都在这人世间书写着自己生命的风采，都有义务也有权利为自己生活着的这个社会增添美妙亮丽的色彩。生命的存在本身就是一种希望，我们生活着，我们创造着，创造着自己的幸福，推动着社会的进步。

> 如果你真的相信自己,并且相信自己一定能达到梦想,你就真的能够步入坦途,而别人也会更需要你。

> ——戴　尔

(二)用爱心架起个人与社会的桥梁

每个人的幸福生活既是自己创造的,更是千千万万认识或不认识的人所创造的。俗话说"众人拾柴火焰高","人多力量大"。推动社会进步和获得个人的幸福不可能仅靠自己,而要靠社会中的每一个平凡的普通人。每一个人都是有价值的,每一个生命都是珍贵的。人们在爱自己、爱家人、爱朋友的同时,也应该去爱自己认识或不认识的人,"只要人人都献出一点爱,世界将变成美好的人间",每一个人也就有了安全感和归属感,正所谓"爱出者爱返,福往者福来"。爱自己、爱别人、爱自己生活的这个社会,既是人们生活的需要,也应该是人们的生活方式之一。

人在社会中生存发展,既需要个人的努力,又需要他人的关爱和服务,否则就难以生存下去,更谈不上发展。同样,他人也需要别人的关爱和服务,事实上,在社会生活中,每个人每时每刻都在享受着别人的劳动成果,作为个人,也应该为别人、为社会服务。因此,关爱他人,服务社会既是自己对他人的要求,也是他人和社会对自己提出的要求。

2008 年北京奥运会的志愿服务者达 170 万,相比 4 年前雅典奥运会时的 6 万人,北京奥运会的志愿服务者人数大大刷新了历史纪录。他们中间包括 10 万名为赛事服务的赛会志愿者,为北京 550 个城市服务点提供信息咨询、语言翻译、应急救助的 40 万名城市志愿者,在北京社区、乡镇宣传奥运知识、奥运精神、营造奥运氛围的 100 万名社会志愿者,以及啦啦队志愿者 20 万人。"北京奥运志愿者们是这次奥林匹克运动会的基石,是北京奥运会真正的形象大使。"奥运志愿者用自己的努力和付出,为确保奥运赛事平稳顺畅地运行作出了巨大的贡献。正是这一张张绽放的笑脸聚成了中国最美的表情。

（三）处理好个人利益与集体利益

个人利益是指个人生活和发展的各种需要。集体利益是集体中每个成员的共同利益，即为公共利益，它是社会集体或某一社会集团生存和发展的需要。个人利益与集体利益是辩证统一的。

1. 个人利益与集体利益互为前提而存在

在社会主义社会，个人利益的不断实现，个人的全面发展，归根到底靠社会集体事业的巩固和发展，靠社会主义国家的强大。而社会集体利益也不能离开个人利益而存在，任何社会利益都是由个人活动创造出来的，同时总是通过个人利益表现出来的，离开个人利益，社会集体利益就没有存在的必要。

2. 个人利益与集体利益互相促进而共同发展

个人的积极进取，努力奉献，将推动社会集体的发展；而社会的发展又为个人的发展提供越来越多的物质财富和精神财富，为个人利益的满足提供保证，并促使个人能力的提高；个人得到全面发展，又反过来激发人们去巩固和发展社会集体利益。在个人利益和集体利益中，社会集体利益更具有根本性的特点，占首要地位。

青年学生应根据社会主义现代化建议的需要和个人的兴趣、爱好，充分用社会提供的成才条件全面发展自己，为社会多作贡献。

只有在集体中，个人才可能获得全面发展，也就是说，只有在集体中才有可能得个人的自由。

（四）正确处理利己利人的关系

为自己与为他人属人生中的两大重要课题。在社会生活中，每一个人或多或少都要同他人发生这样那样的联系。否则就无法生存和发展，更谈不上创造或有所贡献。人际关系的和谐融洽既有利于个人利益的实现,也有利于社会安定。反之,人际关系紧张对立,轻则有损于双方的利益,重则危及社会利益。人和人的关系,就是处理"义"和"利"的关系,归根到底是利益关系。"义"本质上是利他的,体现的是利他精神。"利"本质是为己的,体现的是己的精神。

1. 利己利人的关系

利己是指人的行为意愿是为了满足自身利益。利人是指人的行为意愿是为了满足他人利益。

利己与利人是对立统一的。一方面,利己与利人是对立的,利己即为自己利人即为他人,两者的出发点不同,利益的归属不同,相互区别、相互斗争相互排斥。另一方面,利己与利人又是统一的,利己中包含着利人,利己以利人为前提,利己必须做到利人,不利他人,利己就难以实现;利人中包含着利己,利人必然带来利己,不利己,利人就难以做到。

? 议一议

员工在生产服务中,不断追求质量,为消费者提供更多更好的产品和服务,以获得工资上的提高,物质上的奖励,精神上的赞誉,个人的发展与提升。这说明了利己与利人之间的什么关系?

人的生存和发展、个人利益的获得、事业的成功,既要靠自己的能力,都离不开他人帮助,因此在日常的学习和工作中我们应注意处理好利己利人关系。

关心、保护、维护和发展个人利益。个人利益是自己生存发展的需要,没有个人利益的实现,人就无法生存,更谈不上发展。要关心和保护个人利益,在国家政策和法律允许的条件下,努力实现个人利益,依法维护好个人利益;在不损害他人利益的前提下,追求个人利益的最大化,促使个人得到全面发展。

　　要尊重他人。社会成员在学识、能力、性格、气质等方面会有差别，社会分工也各有不同，但在人格上，大家都是平等的，应该互相尊重，平等相待。尊重他人，包括尊重他人的人格，尊重他人的兴趣、爱好、个性、宗教信仰、民族习惯，尊重他人为社会做的劳动，尊重个人隐私及其价值观等。

　　在学校，教师和学生、学生和学生之间在人格上是平等的，应相互尊重。老师要尊重学生的人格、个性，尊重他们的自尊心，给他们充分的信任。老师的工作是育人，青年的成长，社会文明的传播，都离不开老师。学生要尊重老师，一要尊重老师的劳动，二要虚心听取老师的教诲，对老师要有礼貌。同学之间也要相互尊重，反对不尊重他人的做法。

　　要主动关心他人。关心他人就是要在学习、生活、工作、身心、切身利益等方面给别人以热情的帮助，做到关心他人胜于关心自己，做到先人后己，助人为乐。把别人的困难和忧患当成自己的困难和忧患，积极主动热情地帮助他们排忧解难。

案例链接

　　深圳著名歌手丛飞，出场费每场上万元，但他家里却一贫如洗，没有积蓄，家里甚至没有电冰箱，同行几乎都有小车、洋房，而他出门却是一辆自行车。直到 2003 年左右才按揭购买一套 58 平方米一室一厅的小房。除了日常的开支，他的收入几乎都用于捐助四川、贵州等贫困山区即将辍学的儿童。他只有一个女儿，却是 178 名贫困孩子的"代理爸爸"。他在 10 年时间里，参加了 400 多场义演，捐赠钱物近 300 万元。当他身患晚期胃癌时，却连医药费都负担不起。2006 年 4 月 20 日，丛飞因病医治无效在深圳市人民医院去世。37 岁的丛飞生前立下遗嘱，捐献眼角膜，以他最后的爱心之举，将光明永远馈赠社会，长留人间。

? 议一议

生活中你有没有关心过他人？若没有，你打算怎么办？

做到心中有他人，培养对他人负责的精神。心中装有他人，多替他人着想，以他人为重。当自己利益与他人利益发生矛盾时，自觉维护他人利益，为了保护他人的利益必要时可以挺身而出，置自己安危于不顾。坚决克服享乐主义、拜金主义和个人主义等错误的价值观念，摒弃个人至上、事事以自我为中心、为了个人利益不惜损害他人利益的做法。

一个漆黑的夜晚，一个盲人一手拿着根小竹竿小心翼翼地探路，一手提着一只灯笼。路人问："你自己看不见，为什么还要提着灯笼走路？""我提着灯笼并不是为自己照明，而是让别人容易看到我，不会误撞到我，这样我就可以保护自己的安全。而且，由于我的灯笼为别人带来光亮，为别人引路，人们也常常热情地搀扶我、引领我走过一个个沟坎，使我免受许多危险，你看，我这不是既帮助了别人，又帮助了自己吗？"

? 议一议

上述案例说明了什么？对你有何启示？

2. 维护正当的个人利益

在社会主义条件下，凡是通过自己诚实劳动所获得的各种相应的利益，应视为正当的个人利益而加以保护。正当的个人利益包括个人劳动所得、利息、股份分红、授赠等。个人正当利益是个人生存和发展需要的条件，是个人身体健康、日常生活、工作、学习、个人才能的发挥和发展等必需。

要分清正当的个人合法利益。农民通过诚实劳动而从集体或社会法律所允许的经营中得到的收入，公职人员和工人通过自己的工作而取得的工资报酬，知识分子通过教学、科研、写作等工作而取得的报酬，个体工商户通过诚信经营而取得的收入等，凡是通过自己诚实的劳动而得到合理的报酬，都应视为正当的个人利益。反之，凡没有通过自己的诚实劳动或非社会公认的途径而获得的利益，即便是自己必需的物质文化需要，也不能视为个人正当利益，必须加以否定。

？ 议一议

在现实生活中，不通过诚实劳动或社会公认的途径获得的利益有哪些？你是如何看待这些做法的？

个人正当利益应以不损害社会集体利益和他人利益为前提。一般说来，在社会主义社会中，只要是在发展社会整体利益的过程中，通过正当途径谋取和获得的个人利益，是无损于社会整体利益的，而且，在一定意义上，还会或多或少地有利于社会整体利益的发展。

必要时，应自觉地对个人利益加以节制或做出必要的自我牺牲。社会整体利益的发展，会保障个人利益的不断发展。在特殊情况下，只有对个人利益作出必要的节制或牺牲，才能保障个人正当利益。

反对个人主义。个人主义是以个人为中心，一切从个人利益出发，为了满足个人私欲而不惜损害社会和他人利益的思想体系。

3. 个人主义的危害

从出发点看，个人主义以自我为中心，片面强调个人、家庭的利益，而不顾他人、集体和社会的利益。它对人们的思想产生极大的腐蚀作用。

个人主义把个性解放、个性自由作为人生追求的唯一价值目标。这种只顾个人不顾他人和社会的竞争观念和生存原则，必然导致人与人之间的残酷斗争,影响社会稳定。

个人主义片面强调个人兴趣、爱好的至上性,导致人们对集体主义的信仰危机,我行我素,乃至违法犯罪而不能自拔。

第二节　人生价值与劳动奉献

案例链接

2003年1月上旬,河北理工学院的退休教师栾付相在唐山市无偿捐献遗体的公证仪式上笑谈人的价值:"有生之年力求有所作为,身后也要做件对社会有意义的事情。"栾老师从1977年退休后继续代课,从1983年开始兼任班主任,至今没要过一分钱报酬;到外地讲课或作报告,不要劳务费,不要纪念品,自己拎着行李挤火车、汽车;除了维持日常开支,大部分收入都捐献给了希望工程和灾区。

"有生之年力求有所作为,身后也要做件对社会有意义的事情。"这句话告诉我们什么道理?

我们应当如何理解人生价值与劳动奉献的关系?

> 一个人的价值,应当看他贡献什么,而不应当看他取得什么。
>
> ——爱因斯坦

一、人的价值是社会价值和自我价值的统一

一个人要想实现自我价值,必须对社会有所贡献。对社会的贡献越

大，自己的成就才能越高，最终实现的自我价值也越高。一个人要想实现自己的社会价值就必须提高自己的技能，提升自我价值。一个没有自我成就的人是无法对社会作出贡献的，也就无法实现自己的社会价值。所以，人的价值是社会价值和自我价值的统一，两者缺一不可。人的价值要通过自我价值在社会价值中的实现才能真正完成。

社会价值就是人作为社会人的价值，这是就人的共同性而言的。在此意义上，当我们说一个人有价值时，其根据不在于他是白人还是黑人，也不在于他是良民还是罪犯，而在于他是不是一个对社会有贡献的人。社会价值就是人为了满足自己和社会的需要而创造的物质和精神价值。人创造的价值越多，其价值就越大，否则就越小。优秀的企业家、科学家、发明家的价值大，就是因为他们创造的价值大。瓦特、爱迪生、爱因斯坦等都是有很大社会价值的人。人的社会价值主要表现在创造，包括创造物质价值和精神价值。创造也就是贡献，就是追求。人的贡献越多，追求越高，价值就越大。

自我价值主要是指在社会生活和社会活动中，社会和他人对作为人的存在的一种肯定关系，包括人的尊严和保证人的尊严的物质、精神条件，具体表现为个人能力与相应的个人成就。

相关链接

关于什么是价值和人的价值，中外哲学家有诸多论述。孔子把"仁"作为人生的最高价值；荀况则认为人生应是先义后利，以义制利，更重视伦理道德的价值取向；古希腊哲学家苏格拉底提出"德性即知识"的命题，在这里指明了美德的价值。而马克思指出："价值这个普遍的概念，是从人们对待满足他们需要的外界物的关系中产生的。"这里，马克思明确指出，作为哲学范畴的价值，是人的需要同客体的一种关系，它表现为客体对主体的意义。一方面,作为价值的客体,必须对主体有意义;另一方面,客体也离不开人的需要,否则也无价值可言。价值形成于客体对主体的有用属性与主体的需要的结合与统一中。

二、人生价值的实现

一般来说,人生价值实现的全过程可分为以下三个方面:首先,个人要具有价值能力,个人价值能力的充实和提高是实现人的价值的前提。其次,个人具有价值能力,对社会尽职尽责,作出贡献,全心全意地为人民服务,是人生价值形成的根本内容。最后,个人对社会作出贡献以后,社会才对个人的贡献作出回报。三个方面紧密相连、相互作用,使人生价值最终得以实现。

实现人生价值需要主观条件。首先,要树立崇高的目标,这是追求人生价值的精神支柱。人的任何一个行动都是有目的、有计划的,人的一生也必然有一个理想、有一个奋斗的目标。当然,国人最崇高的目标就是为共产主义而奋斗,振兴中华,为祖国的"四化"建设而奋斗终生。其次,要用现代科学文化知识武装自己。只有用知识来丰富自己的头脑,才能够为人类创造更多的物质财富和精神财富,才能成为具有崇高价值的人。最后,要从自身做起,从现在做起,从点滴做起。这是实现人生价值的必然过程。

要实现人生价值就要将人的内在创造力发挥出来,对社会、对自己的存在和发展起到积极作用。人生价值的实现是人在一定的条件下,发挥自己主动性和创造性的社会实践过程。

社会制度是人生价值实现的客观条件。人生价值的实现受到社会经济制度、政治制度和文化教育制度的决定和制约。一定的社会制度,从客观上决定和制约着人们实现人生价值的创造力的增长,决定着人们实现人生价值的机会和场所,影响着人们实现人生价值的积极性。它是人生价值实现的重要的客观条件。

在剥削制度下，剥削阶级对广大劳动群众在政治上压迫，在经济上剥削，在思想上愚化，压抑了广大劳动人民的思想、智能和体魄的发展，限制了人们创造力的增长，从根本上限制了人生价值的实现。剥削阶级残酷的剥削和严厉的统治，极大地限制了人们创造人生价值的机会和场所，使人们的人生价值不能很好地实现。尽管如此，广大劳动人民还是不断地创造着物质财富和精神财富，推动着社会的进步和发展。但是，劳动人民的人生价值不仅得不到承认和肯定，反而还受到贬低和否定。这就压抑了劳动人民创造价值的积极性，阻碍了人生价值的实现。

社会主义社会为人生价值的实现开辟了广阔的道路。社会主义生产的目的是不断满足人民群众日益增长的物质文化生活的需要，这就使人民群众在思想、文化和体魄等方面有可能充分发展。广大人民群众的人生价值创造力的增长，使人生价值的实现有了更大的可能性。人民群众是社会主义社会的主人，社会主义社会为广大人民群众发挥自己的创造力、实现人生价值提供了比较优越的条件。尽管我们在经济和科学文化上还不发达，在人才使用上还存在着种种问题和困难。但是，党和国家在不断地创造条件来尽量发挥每个人的聪明才智。在社会主义社会中，广大人民群众变成了社会的主人，人的尊严、价值不再像过去那样被贬低和否认，而是得到了社会的尊重。这样就调动了人们创造人生价值的积极性，使人生价值的实现具有更广阔的前景。

> **人生的价值，并不是用时间，而是用深度去衡量的。**
>
> ——列夫·托尔斯泰

当评价一个人的价值时，我们遵循的原则就是人的价值贵在奉献。奉献就是人通过对社会作出的贡献所达到的社会价值。一个人有无价值不在于他是否拥有美貌、财富还是聪明才智,而在于他用这些自身的天赋,也就是自我价值,对社会作出了多少贡献。只有这样,人才能超出自身,完成高于自我价值的社会价值。所以,人的价值贵在奉献。

案例链接

齐国有一个名叫田仲的人,自命清高,不愿与达官贵人为伍而隐居乡间。他认为自己的做法是十分明智的。宋国有个叫屈谷的人见到田仲,对他说:"我听说过先生的大义,您是不愿仰人鼻息的人。我没有什么别的本事,只会种庄稼蔬菜,特别是种葫芦很有方法。现在,我有一个大葫芦,它不仅坚硬得像石头一般,而且皮非常厚,以至于葫芦里面没有空窍。这是我特意留下来的一只大葫芦,我想把它送给您。"田仲听后,对屈谷说:"葫芦嫩的时候可以吃,老了不能吃的时候,它最大的用途就是盛放东西。现在你的这个葫芦虽然很大,然而它不仅皮厚,没有空窍,而且坚硬得不能剖开,像这样的葫芦既不能装物,也不能盛酒,我要它有什么用处呢?"屈谷说:"先生说得对极了,我马上把它扔掉。不过先生是否考虑过这样一个问题,您虽然是不仰仗别人而活着,但是您隐居在此,空有满脑子的学问和浑身的本领,却对国家没有一点用处,您同我刚才说的那个大葫芦不是一样的吗?"

这则寓言告诉我们,如果一个人不将自己的本领贡献给国家、社会,仅仅只是隐居山林,就算他有高洁的名声,他的这种处世之道也并不明智。到头来,他的贡献还远不及种田的农夫。

议一议

这个故事给了我们什么启示?

我们应当如何实现自己的价值？

人生价值的实现，不仅要有主客观条件，还要付诸行动。那么，怎样行动才能更好地实现人生价值呢？在集体中刻苦实践是人生价值实现的正确途径。

实现人生价值，要在社会、集体之中。人是社会的人，每一个人总是生活在一定的社会、集体之中，人生价值的实现，也必须在一定的社会、集体之中。任何人的价值的实现，都不是只靠单个人活动所能完成的，只有在集体之中，才能获得实践活动的对象和手段，才能使内在的创造力发挥出来，才能与他人形成一种合力，从而战胜一切困难，创造出更大的人生价值。

有人认为，个人的自我价值是可以脱离一定的社会条件而独立创造的，"我是自己的完全主宰，可以任意地设计自己和熔铸自己，尽情地享受人本来应拥有的权利。"甚至有人认为，用不着任何社会条件，一个人"只要能从废墟上站起来，就可以有无限多的自由选择的可能性，不受限制地创造出自己的价值"。这些观点显然是错误的。任何现实的个体都不能离开社会而孤立地存在，他的自我绝不是社会关系以外的自我。任何人的自我价值也不可能离开社会而实现。个人要满足自己的需要，离不开现实的社会生活。他要满足自己的物质需要，不能不取自社会已有的物质条件。他要满足自己的精神需要，不能不依赖社会所积累的精神财富和手段。他满足自己需要的能力也是社会赋予的，而他满足自己需要的方式和过程，又不能不同他人、集体、社会发生关系。因此，任何人自我价值实现的过程，实际上都是占有一定社会价值成果的过程，是一个社会生活的过程。完全封闭的"自给自足"、"自我实现"，是根本不可能的。第二，实现人生价值，必须进行刻苦的实践。社会、集体为人生价值的实现奠定了重要的基础，这是人生价值实现的重要条件。在条件基本具备的情况下，实现人生价值的关键就是个人的刻苦实践。人生价值是人活动的结果。要实现人生价值,不能只在头脑里空想,必须行动起来。列宁指出:"要成就一件大事业,必须从小事做起。"每个人都应该少说空话,多干实事,立足本职,脚踏实地,锲而不舍,奋力拼搏,有所发明,有所创造,为中华民族的腾飞、为人类的光明未来,发出自己的光和热,实现自己辉煌的人生价值。

三、在劳动中实现人生价值

我们已经知道实现人生价值,必须进行刻苦的实践。人生价值是人的活动的结果。要实现自己的人生价值,不能只在头脑里想,也不能只停留在口头上,必须行动起来。所以我们一定要重视劳动的作用。

(一)劳动创造了人类本身

劳动不仅把自然界提供的材料变为财富,而且是整个人类生活的第一个基本条件。这就是说,劳动不单是一种自然力,它还具有社会性,是社会的劳动,正是在这种社会劳动中创造了人类本身。劳动创造人首先是手的使用。人类在长期劳动过程中,手脚分工,直立行走,手的使用才最后固下来。手的使用对从猿到人的转变,对人的机体其他部分的形成具有直接的作用,尤其是对语言和思维器官的发展有重大的作用。语言也起源于劳动。一方面,由于手的运用,劳动的发展,人们在劳动中的协作交流逐渐增多,这样就产生互相说话的需要;另一方面,随着劳动的发展,人们对自然界认识的加深,又有了运用概念进行思维的需要。因此,语言的产生便成为一种必要。由于劳动的发展和语言的使用,使得人的发音器官的机能也逐渐地发展和完善。同时,人们在劳动中不断地使用大脑,人的思维能力也逐渐发展起来。劳动、语言、思维推动了人脑的进化。反过来,人脑的开发又提高了人的语言和思维能力。它们相互作用、相互影响,在劳动和生产实践中不断发展和完善。这就是说,手的使用和语言、思维的产生,都是在生产劳动过程中形成和发展的。正是由于劳动，人才得以从动物界中分离出来。

（二）劳动是人类存在的方式

人需要依靠劳动来创造人类生活必需的生活资料和生产资料。如果没有劳动，就没有随之形成的生产关系，也无法产生社会以及社会关系。也就是说，社会关系的基础就是劳动。

（三）人在劳动中提高了自己的能力

首先，人直接或间接在劳动中获得知识。所有的知识归根结底都产生于人类为了满足自身存在的需要所进行的生产实践活动。其次，知识需要在劳动中进行验证。因为实践是检验真理的唯一标准，所以，所有人都需要在劳动中增长知识，提高能力。

因此，劳动是人的价值在人生中实现的途径。我们要尊重劳动、热爱劳动，在诚实劳动中奉献社会，实现人生价值。

案例链接

1995 年，她是一个茫然无措的下岗女工；2006 年，她已成为远近闻名的"煎饼大嫂"，荣获"山东省劳动模范"、"山东省粮食系统巾帼建功十大标兵"、"山东省三八红旗手"、"全国财贸系统下岗再就业女职工带头人"等荣誉称号，她就是山东省第十届人大代表——李怀珍。

1995 年春，李怀珍下岗了。迫于生活的压力，她开始自谋职业。为了创出品牌，李怀珍给自己的煎饼起了个名字：金穗煎饼。因为薄如纸、韧如绵、色泽亮丽、营养全面，金穗煎饼很快名声大振。每逢节假日，订单像雪片一样飞来，煎饼一度供不应求，李怀珍只能连夜加班。冬天，冰冷的淘米水冻得双手又红又肿；夏天，身上长满了痱子，别人吹着空调还嫌热，她在车间里一干就是十几个小时。最终她获得了"煎饼大嫂"的美名。从下岗女工到公司经理，李怀珍的创业之路坎坷艰难，又其乐无穷。党和人民也给了她崇高的荣誉。如今,李怀珍的芳名有着非凡的亲和力,成了当地下岗职工再就业的引路人。

？ 议一议

"煎饼大嫂"的事迹告诉了我们什么道理?

我们应当如何实现自己的价值?

我们要正确看待苦与乐、生与死的关系。

苦与乐是一对矛盾却又不可分割的整体。第一,没有痛苦就无所谓快乐,没有快乐就无所谓痛苦,它们离开了对方就无法被定义。如果不经历痛苦,就无法知道快乐的感觉。第二,没有永恒的快乐,也没有永恒的痛苦,因为矛盾双方永远在对立统一的过程中。所以,我们要想快乐,就要先经历痛苦,正所谓"不经历风雨,怎能见彩虹"。痛苦并不可怕,因为当痛苦被克服之后,我们就能获得快乐。所以,在生活中,我们要正确地看待苦与乐。

中国女排是一支具有光荣历史的队伍。20 世纪 80 年代曾获得辉煌的"五连冠",即:1981 年和 1985 年世界杯冠军;1982 年和 1986 年世界锦标赛冠军;1984 年奥运会冠军。20 世纪 90 年代,中国女排分别在 1990 年和 1998 年世界锦标赛、1991 年世界杯、1996 年奥运会上 4 次获得亚军。中国女排以技术全面、快速多变、攻防平衡的特点立足于世界强队之列。

2001 年,中国女排由新的教练班子和以年轻队员为主,组成一支新队伍。重组后的中国女排的精神面貌令人耳目一新,在 2001 年世界大冠军杯上获得冠军。2004 年,中国女排获得雅典奥运会冠军。在鲜花与掌声的背后,是女排姑娘的汗水与泪水。没有付出超常的辛苦,就没有站在最高领奖台之乐。苦与乐是辩证统一的。

生与死也是一对矛盾的整体。对于我们个人来说，生与死只有一次，但是对于整个人类来说，生与死是人类繁衍和发展的方式。毛泽东曾经说过："人总是要死的，但死的意义有不同。中国古时候有个文学家叫做司马迁的说过：'人固有一死，或重于泰山，或轻于鸿毛。'为人民利益而死，就比泰山还重；替法西斯卖力，替剥削和压迫人民的人去死，就比鸿毛还轻。"毛泽东的观点深刻阐释了马克思主义的生死观。个人的生死对于整个人类的繁衍来说是微不足道的，但是如何使个人的生死对整个人类都有意义，这就需要我们在"生"的时候为社会和他人作贡献。这不仅是我们"生"的价值的体现，也是我们"死"的价值的体现。只有"生"得有价值，"死"才能重于泰山。

我们要树立正确的苦乐观和生死观。面对痛苦，要保持乐观的态度，在困难面前要乐观进取，积极向上。

第三节 人的全面发展与个性自由

一、人自由而全面的发展的科学含义和基本特征

人自由而全面的发展是马克思主义的一个基本观点。马克思认为，衡量人类社会进步的根本标准，归根到底在于人的发展，在于人的自由和解放。实现人的全面发展是人类追求的崇高目标。

（一）人自由而全面的发展的科学含义

人自由而全面的发展是指人的自由意志获得自由体现、人的社会关系获得高度丰富、人的潜能素质获得全面提高、人的能力和个性获得充分发展。马克思主义的"实现人的自由而全面的发展"这一根本命题有四个方面的含义：

这一命题所追求的是"全人类的解放"，是"每一个人的发展"，所以，

它坚决反对一切以牺牲多数人的利益而保障少数人特权的社会制度,热切期望建立一种维护最大多数人利益的制度。

这一命题所追求的是人的"自由发展",是存在于社会现实中的活生生的个人的个性、人格、创造性和独立性最大限度的"不受阻碍的发展"。

这一命题所追求的是人的"全面发展",既是人的个性、能力和知识的协调发展,也是人的自然素质、社会素质和精神素质的共同提高,同时还是人的政治权利、经济权利和其他社会权利的充分实现。

这一命题将人的"自由发展"视为人的"全面发展"的前提,认为没有人的"自由发展",其"全面发展"便无从谈起。

（二）人自由而全面的发展的基本特征

人自由而全面的发展具有三个基本特征,即综合性、社会性、历史阶段性。

1. 人自由而全面的发展具有综合性

它是自由发展、全面发展、充分发展的统一。自由发展与禁锢、束缚相对应,是人充分彰显个性和独立性、创造性的发展;全面发展与片面发展相对,是人的各方面才能和能力的协调发展;充分发展与有限发展相对应,是人的潜能和创造能力的最大限度的发挥。

> 个人的全面性不是想象的或设想的全面性,而是他的现实关系和观念关系的全面性。
>
> ——马克思

2. 人自由而全面的发展具有社会性

人的全面发展只能在社会发展中实现。人的全面发展离不开社会实践特别是劳动。劳动是人的本质活动,是人的才能发展的最根本的途径。社会关系的全面性使人的发展具有全面性。

3. 人自由而全面的发展具有历史阶段性

从根本上说，人的发展和社会的发展是相互促进的辩证统一关系。人的发展离不开社会的发展，社会的发展离不开人的发展；人的发展是社会发展的目的，又是社会发展的手段。不过，在不同的历史阶段上，由于社会生产力发展水平不同，人们的社会关系不同，人的发展的内涵和历史形态也不相同。

深度拓展

根据社会发展和人的发展的内在联系，马克思把人的发展过程概括为依次递进的三个历史阶段。

第一个历史阶段是对人的依赖关系阶段，包括原始社会、奴隶社会和封建社会。在这样的历史阶段上，由于生产力发展水平很低，个人只能或者依赖于血族群体（原始氏族、部落），或者依附于他人（奴隶主、封建领主），人们社会关系只是共同体内部的相互联系，即在孤立的地点和狭窄的范围内发生的地方性联系，因而个人不可能获得对他人的独立性，不可能获得自由而全面的发展。

第二个历史阶段是"以物的依赖性为基础的人的独立性"阶段，即资本主义社会。在这种形态下，个人摆脱了早先的那种人身依附关系，并由此获得了对他人的独立性。然而，这种人的独立性却是以对物的依赖性为基础的。人们看起来似乎是相互独立、自由地交换。但实际上却处处受到物的统治，特别是陷入了对商品货币的依赖关系之中。然而，在这样的历史阶段上，社会关系虽然以异己的物的关系的形式同个人相对立，人的发展虽然还受到社会关系的束缚和压抑，但也产生出了个人关系和个人能力的普遍性和全面性，从而为人的发展到更高历史阶段的到来创造着条件。

第三个历史阶段是人的全面发展阶段。在这样的历史阶段上，由于生产力高度发达和物质财富极大丰富；消灭了私有制和一部分人对另一部分人的剥削压迫；人的觉悟、素质和能力水平的极大提高；人的社会关系和社会生活内容全面丰富。因而，社会关系已为人所支配，人成为社会关系的主人、成为自然界的主人和自己的主人。在这样的历史阶段上，人将在丰富、全面的社会关系中获得自由、全面的发展，成为具有自由个性的人。共产主义社会就是实现人的自由而全面发展的社会形态。

经过三十多年的改革开放，我们已经进入了全面建成小康社会、加快推进社会主义现代化的新的发展阶段。生产力越发达、社会越进步，对促进人的全面发展的要求就会越高。富强、民主、文明、和谐的社会主义现代化，其最高衡量标准是人的全面发展，它必然促进而且要求不断促进人的全面发展。只有不断促进人的全面发展，才能使我国"人口众多"这个经济社会发展的负担变成经济社会发展的优势。

二、人的全面发展

（一）人的全面发展的内容

人的全面发展的内容包含着互相联系、辩证统一的两个方面：其一，人的活动及其能力的全面发展。人的活动的全面发展包含着活动能力的全面发展，即体力和智力、自然力和社会力、个体能力和集体能力、潜力和现实能力等的全面发展。其二，社会关系的全面丰富、社会交往的普遍性、人对社会关系的全面占有和共同控制。社会关系是实践活动的展开，人的发展现实地表现为社会关系的发展，人们的经济关系、政治关系、伦理关系、生活交往关系等，由贫乏变得丰富，由封闭变得开放，由片面变得全面。

（二）实现人的全面发展的条件

一般说来，实现人的全面发展，既需要客观的社会条件，也需要个人的主观追求和努力。

1. 生产力高度发展是实现人的全面发展的物质前提

生产力是人们征服自然、改造自然的物质力量。生产力的发展，为人类创造了丰富的物质财富，也为人的全面发展的实现提供了物质前提。

生产力的发展为人的全面发展奠定物质基础。生产力的发展创造了日益丰富的物质生活资料，使人不仅能够逐步摆脱贫困状态，而且还能够在满足基本生活需要的前提下追求精神层面的享受和自由个性的发展。

生产力的高度发展也为人的全面发展提供充足的自由时间。自由时间是指人们可以自由支配的时间，即可以用于从事科学、艺术、社会活动等非物质生产活动的时间。有了充分的自由时间，人们才能全面发展。人们拥有的自由时间同社会生产力的发展水平是成正比的，社会生产力发展水平越高，人们用于从事沉重的体力劳动的时间就会越少，因而其拥有的自由时间就越多，自主性就越强，其在文化娱乐、科技创新、文艺创作等活动中发挥的作用就越大，就越能够更加自由地丰富和完善自己，实现自己的价值。

2. 消灭私有制和旧式分工，是实现人的全面发展的根本条件

在私有制度下，剥削阶级占有生产资料，劳动者阶级为了生存不得不从事各种形式的劳动，而其大部分劳动成果又被剥削阶级剥夺了。剥夺了劳动者的劳动成果就等于剥夺了劳动者的自由时间，这就必然造成人的发展的被动性和片面性。另外，旧的社会分工是生产力发展到一定阶段的产物，它对于生产力的发展和整个社会的进步起到了很大的推动作用，但是，在剥削制度下，特别是在资本主义社会里，旧的社会分工又使人们一生只能从事某种固定化的职业，成为片面发展和被动发展的人，只要他不想失去生活资料，他就始终是这样的人，因此，只有消灭私有制和旧式分工，才能消灭剥削阶级对于劳动者的剥削，消灭城乡差别、工农差别、脑力劳动与体力劳动的差别，使劳动成为真正自由的活动，劳动者成为全面而自由发展的人。

3. 大力发展教育事业是实现人的全面发展的根本途径

教育是培养新生一代准备从事社会生产和社会生活经验的整个过程,也是人类社会生产和生活经验得以继承发扬的关键环节,主要指学校对适龄儿童、少年、青年进行培养的过程。教育能够使受教育者掌握科技知识,开发受教育者的智力;能够使受教育者懂得社会行为规范,提高受教育者的道德素养;能够弥补受教育者的先天差异,甚至超越人的天赋,使受教育者获得生产、生活以及创新能力。总之,教育是实现人的全面发展的根本途径。在当代,真正的教育是全面教育,是能够克服旧的社会分工造成的人的片面性和局限性的教育。

深度拓展

《国家中长期教育改革和发展规划纲要(2010～2020 年)》把促进人的全面发展作为新时期新阶段我国中长期教育改革和发展的战略主题,强调要坚持全面教育。全面加强和改进德育、智育、体育、美育。坚持文化知识学习与思想品德修养的统一、理论学习与社会实践的统一、全面发展与个性发展的统一。加强体育,牢固树立健康第一的思想,确保学生体育课程和课余活动时间,提高体育教学质量,加强心理健康教育,促进学生身心健康、体魄强健、意志坚强;加强美育,培养学生良好的审美情趣和人文素养。加强劳动教育,培养学生热爱劳动、热爱劳动人民的情感。重视安全教育、生命教育、国防教育、可持续发展教育。促进德育、智育、体育、美育有机融合,提高学生综合素质,使学生成为德智体美全面发展的社会主义建设者和接班人。

4. 重视精神文化产品的生产是实现人的全面发展的重要保证

整个社会有机体是物质生产,人类自身生产、社会关系再生产和精神文化产品的生产四种生产的统一。精神文化产品是相对于物质产品而言的，是一切科学体系、精神成果和意识形态的总和，包括哲学、宗教、政治、法律、道德、文学、艺术等。精神文化产品的生产是整个社会生产的重要组成部分。任何一个社会要想生存和发展，都必须进行精神文化产品的生产。精神文化产品的生产可以强化人的主体意识，满足人的精神和文化需求，使人逐渐形成对自身区别于他物的性质、地位、作用、价值的自觉，为人的全面发展提供必要的精神动力。此外，重视精神文化品的生产也增强人认识世界、改造世界的主体能力，从而促进物质生产。因此，重视精神文化产品的生产是实现人的全面发展的重要保证。

⚙ 深度拓展

在我国，搞好精神文化产品的生产，就要坚持中国特色社会主义文化发展道路，努力建设社会主义文化强国。按照实现全面建成小康社会奋斗目标新要求，2020 年，文化改革发展的奋斗目标是：社会主义核心价值体系建设深入推进，良好思想道德风尚进一步弘扬，公民素质明显提高；适应人民需要的文化产品更加丰富，精品力作不断涌现；文化事业全面繁荣，覆盖全社会的公共文化服务体系基本建立，努力实现基本公共文化服务均等化；文化产业成为国民经济支柱性产业，整体实力和国际竞争力显著增强；公有制为主体、多种所有制共同发展的文化产业格局全面形成；文化管理体制和文化产品生产经营机制充满活力、富有效率，以民族文化为主体、吸收外来有益文化、推动中华文化走向世界的文化开放格局进一步完善；高素质文化人才队伍发展壮大，文化繁荣发展的人才保障更加有力。毫无疑问，实现文化改革发展的奋斗目标，既是全面建设小康社会的根本要求，也是促进人的全面发展的重要条件。

5. 要树立科学的世界观、人生观、价值观,提高自身的思想道德素质和科学文化素质,提高自身的意志品质。这是实现人的全面发展的主观条件

树立科学的世界观、人生观、价值观能够使人正确理解人生的目的和意义,从而坚持正确的人生方向;提高思想道德素质能够使人具有崇高的理想和精神境界,从而自觉的完善自我、发展自我;提高科学文化素质能够使人掌握各种科学技术知识,从而发挥劳动创造能力;提高自身的意志品质能够使人调动或抑制某种情感、欲望和动机,调动信念和理想的力量,不惧困难,不怕挫折,为实现人生目标作出不懈的努力。

（三）促进人的全面发展是建设社会主义新社会的本质要求

在领导中国革命、建设和改革开放的过程中,中国共产党始终把促进人的全面发展作为自己矢志不渝的奋斗目标和社会主义新社会的本质要求,继承和发展了马克思的人的全面发展的思想。促进人的全面发展所以是建设社会主义新社会的本质要求,是由以下三个方面的原因决定的。

努力促进人的全面发展,是社会主义社会区别于一切剥削社会的根本标志之一。社会主义代替资本主义是生产力发展的结果。社会主义优于资本主义,就在于它消除了资本主义社会一部分人对另一部分人的经济剥削和政治压迫,为人民当家做主,为促进人的全面发展提供了制度保障,并不断创造着物质文化的条件。

努力促进人的全面发展,是建设中国特色社会主义的重要特征和价值目标。中国特色社会主义的一个重要特征,就是经济、政治、文化、社会、生态文明协调发展,物质文明、政治文明、精神文明、社会文明、生态文明共同进步。在推进物质文明、政治文明、社会文明、生态文明建设的同时,努力推进精神文明建设,而精神文明建设的根本任务就是要不断提高人们的思想道德素质和科学文化水平,促进人的全面发展,为社会培养"四有"新人。

努力促进人的全面发展，是推动我国社会主义持续发展的基本保证和强大动力。促进人的全面发展，同促进经济、政治、文化和社会的发展是互为前提、互相促进的，人越是得到全面发展，社会的物质文化财富就会创造得越多，民主政治建设的进程就会越快，人与社会之间、社会与自然之间的关系就会越和谐。

三、人的个性自由

（一）人的个性和个性自由的含义

相对于群体中人的共性而言，人的个性就是人的个别性，是一个人在思想、性格、品质、意志、情感、态度等方面不同于其他人的特点，这些特点表现在外，就是他特有的言语方式、行为方式和情感方式。个性化是个人的存在方式，任何人都是有个性的。

不同的人会有不同的个性。人们的个性既有需要、意志、能力等在发展水平方面的差异，也有性格、品质、价值取向等在性质上的区别，例如，有的人善良、和蔼，有的人残忍、暴戾；有的人明礼诚信、敬业奉献，有的人背信弃义、好逸恶劳；有的人艰苦奋斗、大公无私，有的人贪图享受、自私自利。促进人的发展，要以人类共同的法律准则和道德准则为依据，坚决摒弃消极的个性因素，提倡积极的个性特征。

深度拓展

从构成方式上讲，个性其实是一个系统，由个性倾向性、个性心理特征和自我意识三个子系统组成：

个性倾向性是指人对社会环境的态度和行为的特征，决定着人对周围世界认识和态度的选择和趋向，决定着人的追求，包括需要、动机、兴趣、理想、信念、世界观等。个性倾向性是人的个性结构中最活跃的因素，它是一个人进行活动的基本动力,决定着人对现实的态度,决定着人对认识活动的对象的趋向和选择。

个性心理特征是指个体在其心理活动中经常、稳定地表现出来的特征,主要是指人的能力、气质和性格。能力是成功地完成某种活动的个性心理特征。一个人要能够顺利、成功地完成某种活动,主要的心理前提是要具备某些能力。气质是人典型的、稳定的心理特点,即人的性情或脾气。性格是个人对现实稳定的态度和稳定行为方式的心理特征。有人大公无私,有人自私自利;有人勤劳朴实,有人懒惰奢侈;有人自尊自强,有人自暴自弃等,这些都是人的性格特征。当某些特征稳定地而不是偶然地表现在某人身上时,就可以说这个人具有这种性格特征。

自我意识是指个体对所有属于自己身心状况的意识,包括自我认知、自我体验、自我调控等方面,如自尊心、自信心等。自我意识是个性系统的自动调节结构。

个性结构的这些成分或要素,又因人、时间、地点、环境的不同而互相排列组合,结果就产生了在个性特征上千差万别的人和一个人在不同的时间、地点环境中的个性特征的变化,而心理过程是个性产生的基础。

个性自由的含义包括:① 个性自由是就人的发展的自主性、独特性和个别性。② 个性自由的前提是摆脱束缚和限制以充分张扬自己的个性,发挥自己的能力和潜能。③ 个性自由不是随心所欲,更不是为所欲为。因为,人的自由总是在一定基础上的自由,总是要受到客观规律和社会关系的制约:一方面,个性自由就是人要遵循客观自然规律、社会规律、生命规律及规范。自由是对必然的认识和对客观世界的改造,人们只有在实践的基础上正确认识客观规律,成功地改造自然、社会和自身的现有存在状态,才能获得自由的发展。违背了客观规律就不可能有人的自由。另一方面,任何个人的自由都不能违背社会利益,不能影响社会的稳定与发展,不能妨害他人的自由。

（二）个性自由对人的发展的作用

个性自由对培养创新型人才具有十分重要的作用。创新是人类特有的认知能力和实践能力，创新就是创造新颖独特、个性鲜明的新事物。创新是人类主观能动性的高级表现形式，是推动民族进步和社会发展的不竭动力。创新离不开人的全面发展，离不开人的素质的全面提高，也离不开人的个性自由，即离不开个人优势潜能的开发和兴趣专长的发展。为了鼓励人们个性的自由发展，自由探索、独立思考，应当努力营造新的良好经济环境、法律环境、教育环境，制定和执行选拔人才、使用人才制度，让创新智慧在青年中竞相迸发，创新型人才在青年中大批涌现。

⚙ 深度拓展

中国特色社会主义为创新人才的培养创造了社会环境和制度保障。学生要利用这种良好的条件努力提高自己、发展自己。第一，要注重学思结合。改变死记硬背、不求甚解的学习习惯，自觉培养自己的思考能力、想象能力和创造能力，使自己在学习中思考，在思考中学习。第二，要注重知行统一，坚持课堂学习与生产劳动、社会实践相结合，使自己不仅学会知识，还学会动手动脑，学会处事为人。第三，要注重扬长避短，根据自己的个性特征，努力发挥自己的优势潜能，使自己成为高素质的能够适应社会需要的专门人才。

（三）个性自由和人的全面发展的关系

个性自由与人的全面发展都是衡量人的发展的主要尺度，也是人的发展的相互联系、相互促进的两个方面：一方面，人的全面发展要以个性自由为基础。人的全面发展并不排除某个人在某些方面特殊才能的发挥和发展，并不否认人的个性特点，并不是把所有的人都塑造成完全一样的人。如果每一个人的志趣爱好、才情品格等完全一致,社会将千人一面,也就谈不上和谐统一的全面发展。每个人的全面发展,都建立在个性自由的基础之上;整个社会人们的全面发展,又以每个人的全面发展和个性自由地发挥和发展为前提。另一方面,人的全面发展又制约着个性自由发展。人们要自觉、自愿、自主地发展自己的才能,施展自己的力量,就要坚持德才兼备、全面发展的基本要求,在发展个人兴趣专长和开发优势潜能的过程中,在正确处理个人、集体、社会关系的基础上保持个性、彰显本色,实现思想成长、学业进步、身心健康的有机结合,在德、智、体、美相互促进、有机融合中实现全面发展,努力成为可堪大用、能负重任的栋梁之材。那种片面发展、畸形发展的人是难堪重任的。

个性自由和人的全面发展,都是青年成长发展的价值目标,体现着以人为本的科学发展观的价值取向。把全面发展和个性发展紧密结合起来,就是引导青年实现价值目标的均衡,在发展自我的同时,不断增强服务国家、服务人民的社会责任感,坚持个人价值与社会价值的统一,把个人成长、成才融入祖国繁荣昌盛和人民幸福安康的伟大事业中去。

案例链接

1983年6月17日,魏某出生在湖南省一个贫苦家庭。2岁时,他已经能辨认出,甚至写出140个物品的名称。

1988年,魏某5岁,很多孩子到这个年龄还没有上学。但他却具有了超群的记忆力、独特的思维方式、浓厚的学习兴趣以及超强的自学能力。13岁,正常的小孩要考中学,而魏某却是去上大学。那一年,他考出602分高分。4年过去了,当魏某逐渐淡出人们视野的时候,他又成为中国科学院高能物理研究所一名硕博连读生。然而,魏某19岁时,因生活自理能力太差,知识结构不适应中科院的研究模式被退学。魏某走过了由"神童"到"泯然众人矣"的人生历程。这段人生历程，委实启人深思。

议一议

"神童"魏某的经历对你有什么启发？

你的人生发展模式应当是什么？

青年是祖国的未来和民族的希望。要成为中国特色社会主义建设事业的栋梁，就要正确处理个性自由和人的全面发展的关系，在全面发展中不断完善自己的兴趣爱好、才情品格，又在追求个性自由发展中实现全面发展的目标，勤于学习，善于创造，甘于奉献，做一个有理想、有道德、有文化、有纪律的社会主义新人。

四、促进人的自由发展和全面发展，创造美好人生

人们都向往美好的人生，但是，美好的人生要靠自身的创造，要靠自身的努力，靠自己在促进个性自由发展中实现全面的发展。

深度拓展

新东方学校创始人，现任新东方教育科技集团董事长兼总裁俞敏洪说，其实一个人想要生活得更好，只要获得几种能力就行。一是自然能力，二是技术能力，三是知识能力，四是与社会和人打交道的能力，五是人的生理承受能力和心理承受能力。所以说人最重要的是要锻炼自己的能力：锻炼自己确定目标的能力，锻炼自己的竞争能力，锻炼自己的技术能力，锻炼自己与人打交道的能力，锻炼自己的心理和生理承受能力，能为了一个目标去拼命地奋斗，最后取得成功。

中职学生正处于长身体、长知识、长才干、筹划未来的阶段。对于未来，大家更是充满了憧憬。那么，怎样去创造属于自己的美好人生呢？

（一）要树立正确的人生态度

人生态度是指个人在实际生活中关于怎样看待生活，怎样看待人生的心理意识和倾向，它是比较稳定的认识、情感、信念的总和。树立正确的人生态度，才能使自己走好人生道路上的各个阶段，才能使自己在复杂的社会之中，坚持正确的人生方向，站稳正确的人生立场，正确处理各种矛盾，战胜各种困难，历经曲折的征途，创造美好的人生。

案例链接

周作人在五四运动时期是一位颇有名气和建树的文学家。可是，在五四运动以后，他企图走"纯学术"、"纯艺术"的道路，曾一度丧失民族大节，在汪伪的"国民政府"担任"督办"，出访日本，发表卖国的谈话，在个人历史上记下了肮脏的一页。周作人作为鲁迅先生的胞弟，和鲁迅少年时代的生活基本相同，青年时代的生活也类似，又都是新文学运动中的骁将，然而，在做人的问题上，鲁迅先生终生保持了高风亮节，而周作人却堕落成汉奸文人。

议一议

周作人的教训是当代青年的一面镜子，你认为在对待人生的问题上应当坚持什么原则？

在社会主义现代化建设时期，正确的人生态度是开拓进取、追求新知、崇尚和谐、尽己所能为社会为人民作贡献的态度。

（二）要坚持历史唯物主义观点和革命的乐观主义精神

不论遇到任何艰难险阻，都不丧失前进的斗志和必胜的信心，不论碰到什么风云变幻，都不迷失方向、止步不前，永远对事业、生活和未来充满希望。积极乐观的人生态度，来源于对事物发展规律和社会发展方向的正确认识。事物发展规律表明，任何事物的发展都不是一帆风顺的，都是通过事物内部的矛盾斗争实现的。只看到顺利一面，看不到曲折一面，遇到风浪便会产生动摇和迷惑。对于强者来说，厄运是学校，逆境是老师，曲折是人生的必经之路；反过来讲，只看到曲折一面，看不到顺利一面，就容易悲观失望而无所作为。只有既看到道路曲折的一面，又看到顺利发展的一面，才会胜不骄，败不馁，永远保持积极乐观的人生态度，不屈不挠地走好自己的人生之路。

> 伟人的心胸，应该表现出这样的气概——用笑脸来迎接悲惨的厄运，用百倍的勇气来应付一切的不幸。
>
> ——鲁　迅

案例链接

德国工人运动的杰出活动家弗·梅林说得好，劳动人民从《共产党宣言》中得到鼓舞，建立了一个精神的世界强国。共产主义者就是这个"精神的世界强国"中十分活跃的成员，他们永远是革命的乐观主义者。英国作家萨克雷说，生活好比一面镜子，你对它笑，它也对你笑；你对它哭，它也对你哭。俄国十月革命的领导者列宁在革命的年代里，面对困难和挫折，面对问题和麻烦，常常是放声大笑，这是他对困难的蔑视，充满着智慧和力量。中国革命的伟大领袖毛泽东在青年时代就确立了"与天奋斗，其乐无穷！与地奋斗，其乐无穷！与人奋斗，其乐无穷！"的伟大抱负。当代青年应当以乐观的态度对待人生，相信自己的力量，看到光明的未来，以微笑对待生活,以战斗的姿态投身于生活,抖擞精神,用奋进不止的乐观精神和坚定不移的社会实践来谱写自己的青春之歌。

❓ 议一议

面对曲折的人生道路,应当怎样对待困难和挫折?

> 一个人如果只图享受,不愿吃苦,不肯贡献,是永远不会有幸福、有愉快的。
>
> ——徐特立

（三）要用辛勤的劳动创造美好幸福的人生

在生活中,人们对幸福的理解是不一致的:有的人认为个人生活安逸,物质生活丰富就是幸福;有的人认为劳动和创造是艰难痛苦的,只有在享受劳动果实时才是最幸福的。实际上,这些观点都是片面和错误的。孟子曾指出:"生于忧患,死于安乐。"意思是说,人在忧患的环境中成长才能谋求发展,如果只图安逸享乐,就会停步不前,逐步衰亡。

幸福的概念包含着物质和精神两个方面。物质是基础,精神是灵魂。一定的物质基础是实现幸福生活不可缺少的条件,但是高尚充实的精神生活才是人的幸福的主要方面。因为人不同于一般的生物,除了必要的物质条件外,更重要的是人有思想、有理性、有精神寄托、有理想追求,因此,人的最大幸福是事业的成功和创造的快乐,而不是个人的享乐与物质上的享受。单纯追求物质享受的人,都必然埋没自己的理智和才干,逐步变得昏庸、腐败或没落。只有在高尚、健康的精神情操陶冶下,才能正确对待物质生活,即使在艰难困苦的条件下也能始终保持乐观的情绪,坚定地走在通往幸福的大道上。

　　作为有志的青年，只有在为实现远大志向的艰苦劳动中，在为他人和社会的劳动中，才能充分发挥自己的才能和力量，认识到人生的意义和价值，享受到人生的真正幸福，而且这种幸福，比起从其他方面获得的幸福更丰富、更深刻、更持久。

参考文献

[1] 肖前. 马克思主义哲学原理[M]. 北京：中国人民大学出版社,2004.

[2] 高清海. 马克思主义哲学基础[M]. 北京：北京师范大学出版社,
　　2012.